高职高专实验实训规划教材

物理化学实验

主　编　邓基芹
副主编　陈久标
　　　　张　娜
主　审　王庆春

北　京
冶金工业出版社
2009

内 容 提 要

本书为与高职高专规划教材《物理化学》(邓基芹主编)配套的实验教材,采用了模块式的编写结构。在第1章中,集中、系统地介绍了物理化学实验的目的与要求、物理化学实验室安全知识;在第2章中,介绍了物理化学实验室中常见仪器及设备的使用方法和实验技术;第3章是实验部分,既包含了经典的实验内容,又体现了当代实验技术、设备的特点,注重基础训练,同时着眼于学生能力的提高,满足了教学发展的需要。书末设有附录,列出了常见的物理化学数值。

本书可供高职高专院校作为实验教材使用,也可供非化学专业大学生阅读参考。

图书在版编目(CIP)数据

物理化学实验/邓基芹主编. —北京:冶金工业出版社,2009.9

高职高专实验实训规划教材

ISBN 978-7-5024-4985-8

Ⅰ.物… Ⅱ.邓… Ⅲ.物理化学—化学实验—高等学校:技术学校—教材 Ⅳ.O64-33

中国版本图书馆 CIP 数据核字(2009)第 140709 号

出 版 人 曹胜利
地　　址 北京北河沿大街嵩祝院北巷 39 号,邮编 100009
电　　话 (010)64027926　电子信箱　postmaster@cnmip.com.cn
责任编辑 王 优 宋 良 美术编辑 李 新 版式设计 张 青
责任校对 侯 瑁 责任印制 李玉山
ISBN 978-7-5024-4985-8
北京印刷一厂印刷;冶金工业出版社发行;各地新华书店经销
2009 年 9 月第 1 版,2009 年 9 月第 1 次印刷
787mm×1092mm 1/16;7.5 印张;192 千字;108 页;1—3000 册
19.00 元
冶金工业出版社发行部　　电话:(010)64044283　　传真:(010)64027893
冶金书店　地址:北京东四西大街 46 号(100711)　电话:(010)65289081
(本书如有印装质量问题,本社发行部负责退换)

前　言

本书是与高职高专规划教材《物理化学》配套的实验教材,适用于高职高专物理化学实验课程的教学。

物理化学实验作为冶金、材料、化工、轻工、选矿、防腐和金属热处理等专业的一门重要的实验课,对物理化学理论的理解和应用起着极其重要的作用。

近年来,我国高职教育有了较大的发展,教学体系、教学内容的改革对物理化学实验提出了更高的要求。为了更好地适应当前物理化学实验教学的需要和发展,适应实验技术的进步及实验仪器和设备的更新换代,我们在总结多年物理化学实验教学经验的基础上,参考了大量相关资料,从而编写了这本《物理化学实验》。

本书采用了模块式的编写结构。在第1章中,集中、系统地介绍了物理化学实验的目的与要求、物理化学实验室安全知识;第2章中,介绍了物理化学实验室中常见仪器和设备的使用方法和实验技术;第3章是实验部分,包括20个实验,既包含了经典的实验内容,又体现了当代实验技术、设备的特点,注重基础,同时着眼于学生能力的提高,满足了教学发展的需要。书末设有附录,列出了常见的物理化学数值。

各院校可以根据专业需要、实验室条件和教学时数,选择安排具体实验内容。

本书由山东工业职业学院邓基芹任主编,并负责本书的策划及统稿工作;由山东工业职业学院的陈久标、张娜任副主编。参加编写工作的还有王厚山、赵启红、赵文泽、解旭东。

本书由山东省教学名师、山东工业职业学院冶金学院院长王庆春主审。

虽然编者力求体系完整、概念准确、联系实际、便于教学,但限于水平,书中不妥之处,恳请广大读者提出宝贵意见。

编　者
2009 年 4 月

目　录

1 物理化学实验基本知识

1.1 物理化学实验的目的与要求

1.1.1 物理化学实验的目的

物理化学实验是化学实验科学的重要分支,也是研究化学基本理论和问题的重要手段和方法。物理化学实验的特点是:利用物理方法研究化学变化规律,通过实验的手段,研究物质的物理化学性质及这些性质与化学反应之间的某些重要规律。

物理化学实验教学的主要目的是:

(1)通过物理化学实验,使学生初步了解物理化学的研究方法,掌握物理化学的基本实验技术和技能;培养学生观察实验现象、正确记录和处理实验数据以及分析问题和解决问题的能力。

(2)加深对物理化学基本理论和概念的理解,并巩固课堂上所学的理论知识。

(3)培养学生理论联系实际的能力。

(4)培养学生查阅文献资料的能力。

(5)使学生得到初步的实验研究训练,提高学生的实验操作技能,培养学生进行初步科学研究的能力。

(6)培养学生严肃认真、实事求是、一丝不苟的科学态度和工作作风。

1.1.2 物理化学实验的要求

每个实验的进行都包括实验预习、实验操作和书写实验报告三个步骤,它们之间是相互关联的,任何一步做不好,都会严重影响实验质量。

1.1.2.1 实验预习及预习报告

实验前,学生应阅读实验讲义的有关内容,查阅相关资料,了解实验的目的和要求、实验原理、仪器及设备的正确使用方法,结合实验讲义和有关参考资料写出预习报告。预习报告的内容包括:(1)实验目的;(2)简单原理;(3)操作步骤和注意事项;(4)原始数据记录表格。要用自己的语言简明扼要地写出预习报告,重点是实验目的、操作步骤和注意事项。

实验前,教师要检查每个学生的预习报告,必要时应进行提问,并解答疑难问题。对未预习和未达到预习要求的学生,不允许进行实验。

1.1.2.2 实验操作

学生进入实验室后,应首先检查测量仪器和药品是否齐全,并做好实验前的各种准备工作。实验操作时,要严格控制实验条件,在实验过程中仔细观察实验现象,详细记录原始数据,积极思考,善于发现和解决实验中出现的各种问题。

教师应根据实验所用的仪器、药品及具体操作条件,提出实验结果的要求范围,若学生达不到此要求,则必须重做实验。

1.1.2.3 实验报告

实验完毕,每个学生必须把自己的测量数据进行独立正确的处理,写出实验报告,按时交给教师。实验报告应包括:实验目的与原理、实验步骤、数据记录及处理、结果与讨论、要求回答的实验思考题等几个部分。其中,结果分析讨论主要是对实验结果进行分析,进行实验现象的解释,总结实验的体会并提出改进意见。实验报告是教师评定实验成绩的重要依据之一。

1.1.3　物理化学实验的注意事项

物理化学实验的注意事项如下:

(1)遵守纪律,不迟到,不早退,保持室内安静,不大声谈笑,不到处乱走,不在实验室内打闹。

(2)实验前,要按讲义核对仪器和药品,若不齐全或破损,应向指导教师报告,及时补充或更换。

(3)实验开始前,要进行仪器设备的安装和线路连接,必须经教师检查合格后,方能接通电源开始实验(电路连接后未经教师检查,不得接通电源)。

(4)仪器的使用必须按仪器的操作规程进行,以防损坏。使用时要爱护仪器,如发现仪器损坏,立即报告指导教师并追查原因。未经教师允许,不得擅自改变操作方法。

(5)实验时,除所用仪器外,不得动用其他仪器,以免影响实验的正常进行。

(6)在实验过程中,需注意勤俭节约,避免浪费。

(7)实验时,要保持安静及台面整洁,书包、衣服等物品不要放在实验台上。实验完毕后,将玻璃仪器洗净,把实验台打扫干净,整理好实验设备,将仪器、药品等放回原处。

(8)实验结束后,由同学轮流值日,负责打扫整理实验室,检查水、煤气、门窗是否关好,电源开关是否关闭,以保证实验室的安全。

1.2　物理化学实验室安全知识

在化学实验室里,安全是非常重要的。化学实验过程中经常使用各种仪器设备和化学药品,常常潜藏着发生事故(如爆炸、着火、中毒、灼伤、割伤、触电等)的危险性,如何来防止这些事故的发生以及万一事故发生如何来急救,都是每一个化学实验工作者必须具备的素质。这些内容在先行的化学实验课中均已反复地做了介绍。本节主要结合物理化学实验的特点,介绍安全用电、安全使用化学药品等安全知识。

1.2.1　安全用电

物理化学实验室使用电器较多,实验台周围有许多电源插座,特别要注意安全用电。为了保障实验者的人身安全,一定要遵守实验室安全规则。

1.2.1.1　防止触电

(1)实验者进入实验室以后,首先要熟悉电源开关的位置,必要时能够以最快速度切断电源。

(2)实验开始前,要进行仪器及设备的安装和线路连接,必须经教师检查合格后,方能接通电源开始实验(电路连接后未经教师检查,不得接通电源)。实验结束时,先切断电源,再拆线路。

(3)电源裸露部分应有绝缘装置(如电线接头处应裹上绝缘胶布)。

(4)所有电器的金属外壳都应保护接地。

(5)不要用潮湿的手接触电器,整理实验台时也不要用湿抹布擦拭电源开关。

(6)修理或安装电器时,应先切断电源。

(7)不能用试电笔去试高压电,使用高压电源应有专门的防护措施。

(8)如有人触电,应迅速切断电源,然后进行抢救。

1.2.1.2　防止引起火灾

(1)使用的保险丝要与实验室允许的用电量相符。

(2)电线的安全通电量应大于用电功率。

(3)室内若有氢气、煤气等易燃、易爆气体,应避免产生电火花。继电器工作和开关电闸时易产生电火花,要特别小心。电器接触点(如电插头)接触不良时,应及时修理或更换。

(4)如遇电线起火,应立即切断电源,用沙子或二氧化碳、四氯化碳灭火器灭火,禁止用水或泡沫灭火器等导电液体灭火。

1.2.1.3　防止短路

(1)线路中各接点应牢固,电路元件两端接头不要互相接触,以防短路。

(2)电线、电器不要被水淋湿或浸在导电液体中,例如,实验室加热用的灯泡接口不要浸在水中。

1.2.1.4　电器仪表的安全使用

(1)在使用前,先了解电器仪表要求使用的电源是交流电还是直流电,是三相电还是单相电,还要了解电压的大小(380V、220V、110V 或 60V)。必须弄清电器功率是否符合要求,确认直流电器仪表的正、负极。

(2)仪表量程应大于待测量的数值范围。若待测量的数值范围大小不明时,应从最大量程开始测量。

(3)实验之前要检查线路连接是否正确,经教师检查同意后,方可接通电源。

(4)在电器仪表使用过程中,如发现有不正常声响、局部温度升高或嗅到绝缘漆过热产生的焦味,应立即切断电源,并报告教师进行检查。

1.2.2　安全使用化学药品

1.2.2.1　防毒

大多数化学药品都具有不同程度的毒性,其毒性可以通过呼吸道、消化道、皮肤等进入人体。因此,防毒的关键是尽量减少或杜绝直接接触化学药品,通常要注意以下几个方面:

(1)实验前,应了解所用药品的毒性及防护措施。

(2)操作有毒气体(如 H_2S、Cl_2、Br_2、NO_2、浓 HCl 和 HF 等)时,应在通风橱内进行。

(3)苯、四氯化碳、乙醚、硝基苯等的蒸气会引起中毒。它们虽有特殊气味,但久嗅会使人嗅觉减弱,所以应在通风良好的情况下使用。

(4)有些药品(如苯、有机溶剂、汞等)能透过皮肤进入人体,应避免与皮肤接触。

(5)氰化物、高汞盐($HgCl_2$、$Hg(NO_3)_2$ 等)、可溶性钡盐($BaCl_2$)、重金属盐(如镉盐、铅盐)、三氧化二砷等剧毒药品,应妥善保管,使用时要特别小心。

(6)禁止在实验室内喝水、吃东西。饮食用具不要带进实验室,以防被毒物污染,离开实验室后及饭前要洗净双手。

1.2.2.2　防灼伤

强酸、强碱、强氧化剂、溴、磷、钠、钾、苯酚、冰醋酸等都会腐蚀皮肤,特别要防止溅入眼内。液氧、液氮等低温物质也会严重灼伤皮肤,使用时要小心,万一灼伤应及时治疗。

1.2.2.3　防爆

可燃气体与空气混合,当两者比例达到爆炸极限时,若受到热源(如电火花)的诱发,就会引起爆炸。附录 1 列出了一些气体在空气中的爆炸极限。

(1)使用可燃性气体时,要防止气体逸出,室内通风要良好。

(2)操作大量可燃性气体时,严禁同时使用明火,还要防止发生电火花及其他撞击火花。

(3)有些药品(如叠氮铝、乙炔银、乙炔铜、高氯酸盐、过氧化物等)受震和受热都易引起爆炸,使用时要特别小心。

(4)严禁将强氧化剂和强还原剂放在一起。

(5)久藏的乙醚在使用前,应除去其中可能产生的过氧化物。

(6)进行容易引起爆炸的实验时,应有防爆措施。

1.2.2.4　防火

(1)许多有机溶剂,如乙醚、丙酮、乙醇、苯等非常容易燃烧,大量使用时,室内不能有明火、电火花或静电放电。实验室内不可存放过多的这类药品,用后还要及时回收处理,不可倒入下水道,以免聚集引起火灾。

(2)有些物质,如磷、金属钠和钾、电石及金属氢化物等,在空气中易氧化自燃;还有一些金属,如铁、锌、铝等粉末,比表面积大,也易在空气中氧化自燃。这些物质要隔绝空气保存,使用时要特别小心。

实验室如果着火不要惊慌,应根据情况进行灭火。常用的灭火剂有:水、沙、二氧化碳灭火器、四氯化碳灭火器、泡沫灭火器和干粉灭火器等,可根据起火的原因选择使用。以下几种情况不能用水灭火:

(1)金属钠、钾、镁,铝粉,电石,过氧化钠着火,应用干沙灭火。

(2)比水轻的易燃液体,如汽油、苯、丙酮等着火,可用泡沫灭火器。

(3)有灼烧的金属或熔融物的地方着火时,应用干沙或干粉灭火器。

(4)电器设备或带电系统着火,可用二氧化碳灭火器或四氯化碳灭火器。

2 基本实验技术

2.1 温度的测量与控制技术

温度是描述系统宏观状态的一个基本参数。在物理化学实验中,温度的测量与控制对实验结果的精确性起着至关重要的作用。

2.1.1 温标

温标是温度量值的表示方法。物理化学实验中最常用的两种温标是热力学温标和摄氏温标。

(1)热力学温标。热力学温标也称开尔文(Kelvin)温标。依据现行规定:热力学温度的符号为 T,单位名称为开(开尔文),单位符号为 K。水的三相点的热力学温度为 273.16K,水的三相点热力学温度到绝对零度之间温度值的 1/273.16,称为热力学温标的 1K。

(2)摄氏温标。摄氏温标使用较早,最初是通过用水银玻璃温度计测定水的相变点来确定温度标度的。规定在 1atm(101325Pa)下,水的凝固点为 0℃,沸点为 100℃,将这两点温度之间划分为 100 等份,每 1 等份代表 1 个温度单位,以℃表示。

热力学温标所指示的温度 T 与摄氏温标所指示的温度 t 之间存在下列关系:

$$t = T - 273.15 \tag{2-1}$$

273.15K 为摄氏温标的零点(0℃),因为热力学温度与摄氏温度的分度值相同,因此,实际用于测量温度差时,既可用 K 表示,也可用℃表示。

2.1.2 温度计

测量温度的仪器称为温度计,温度计的种类很多,测量时应根据需要选择温度计的类型。

(1)在一般实验中,常选用水银温度计来测量物理或化学变化的温度,如熔点、沸点、反应温度等。

(2)贝克曼温度计用于测量温差,其精确度的选择要与其他物理量的测量精度相对应。

(3)对于微小温差的精确测量,常选用多对串联的热电偶温度计、温差电阻温度计和热敏电阻温度计。

(4)在水银温度计使用的温度范围以外,可以选用电阻温度计或热电偶温度计;在更高温度时,可使用辐射温度计。

这里主要介绍常用的水银温度计、贝克曼温度计、热电偶温度计和精密数字温度温差仪。

2.1.2.1 水银温度计

水银温度计以摄氏温标为基础,是实验室最常用的温度计。水银具有热导率大、热容小、热膨胀系数比较均匀、不容易附着在玻璃壁上等特点。水银温度计结构简单,价格便宜,具有较高的精确度,而且使用方便。其缺点是易损坏,并且水银毒性较大。

水银的熔点是 −38.862℃,沸点是 356.66℃,因此,水银温度计一般的使用范围为 −35~360℃。如果采用石英玻璃,并充以 8MPa 的氮气,则可将测量上限温度提升至 800℃。

A　水银温度计的分类

水银温度计是实验中常采用的温度计,按其刻度和量程范围的不同,可分为:

(1)一般用途的水银温度计。量程有 0~50℃、0~100℃、50~100℃、0~150℃等,分度值为 1℃或 0.5℃。

(2)量热专用的水银温度计。量程有 9~15℃、12~18℃、15~21℃、18~24℃、20~30℃等,分度值为 0.01℃。目前广泛应用的是间隔为 1℃的量热温度计,分度值为 0.002℃。

(3)分段水银温度计。从 -10℃到 200℃,共有 24 支,每支温度计的使用范围为 10℃,分度值为 0.1℃。另外,还有从 -40℃到 400℃,每隔 50℃一支的分段水银温度计,分度值为 0.1℃。

B　水银温度计的校正

用水银温度计测量被测系统的温度,首先必须保证水银温度计的准确性。在通常情况下,水银温度计都或多或少存在一定的误差。

水银温度计的误差主要来自以下三个方面的原因:(1)玻璃毛细管的内径不均匀;(2)温度计的水银球受热后,体积发生改变;(3)使用中,水银温度计有局部处于被测系统之外。

因此,在使用温度计时要进行读数校正,通常只对后两种因素引起的误差进行读数校正。

(1)零点校正。由于水银温度计下端玻璃球的体积在使用过程中可能会改变,导致温度读数与真实值不符,因此必须校正零点。校正方法可以采用把水银温度计与标准温度计进行比较,也可以用纯物质的相变点标定校正。冰水系统是最常使用的一种方法,将温度计浸入冰水系统中,得到的温度值与刻度零点之差 $\Delta t_{零点}$ 称为零点校正值。

(2)露茎校正。水银温度计有"全浸没"和"部分浸没"两种。常用的水银温度计为全浸没温度计,只有当水银球和水银柱全部浸入被测的系统中,全浸没温度计的读数才是正确的。但在实际使用中,往往有部分水银柱露在系统外,造成测量误差。这就必须进行露茎校正,其方法如图 2-1 所示。露茎校正公式为:

$$\Delta t_{露} = 1.74 \times 10^{-4} h(t_{观} - t_{环}) \tag{2-2}$$

式中,系数 1.74×10^{-4} 是水银对玻璃的相对膨胀系数,1/℃;$\Delta t_{露}$ 为系统的露茎校正值,℃;h 为露出被测系统外的水银柱长度,称为露茎高度,以温度差值表示,℃;$t_{观}$ 为测量温度计的读数,℃;$t_{环}$ 为环境温度(为辅助温度计上的读数,如图 2-1 所示,辅助温度计的水银球应置于测量温度计露茎高度的中部),℃。

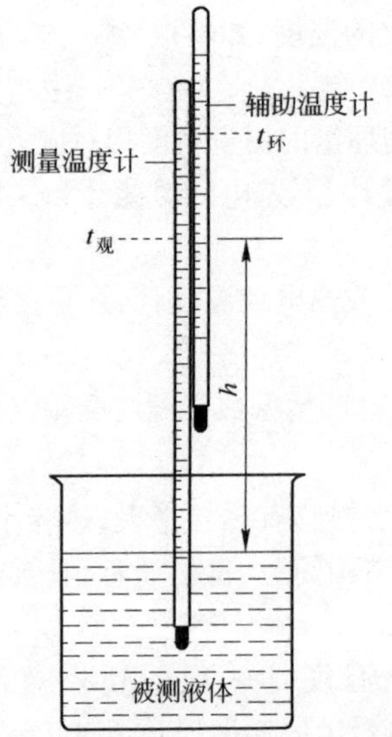

考虑以上两个因素,实际温度应该为测量值与各项校正值之和:

$$t = t_{观} + \Delta t_{零点} + \Delta t_{露} \tag{2-3}$$

C　使用水银温度计的注意事项

水银温度计在使用中应该注意以下几点:

(1)根据测量系统精度选择不同量程、不同精密度的温度计;

(2)根据需要对温度计进行校正;

(3)温度计插入系统后,待系统与温度计之间热传导达到平衡后(一般为几分钟),再进行读数;

(4)水银温度计是由玻璃制成的,容易损坏,不允许将水银温度计作为搅拌棒使用。

图 2-1　温度计露茎校正示意图

辅助温度计　$t_{环}$

测量温度计

$t_{观}$

h

被测液体

2.1.2.2 贝克曼温度计

在物理化学实验中,常常需要对系统的温度差进行精确的测量,如燃烧热的测定、中和热的测定及凝固点降低法测定相对分子质量等,均要求测量温度精确到0.002℃。然而,普通温度计不能达到此精确度,需用贝克曼温度计进行测量。

A 贝克曼温度计的构造及特点

贝克曼温度计的构造如图2-2所示,它也是水银温度计的一种。与一般水银温度计的不同之处在于,除了在毛细管2下端有一个大的水银球3以外,还在温度计的上部有水银贮槽1。贝克曼温度计的特点是:它的刻度精确至0.01℃,用放大镜读数时可估计到0.002℃;另外,它的量程较短(一般全程为5℃),不能测定温度的绝对值,一般只用于测量温差。要测量不同范围内的温度变化,则需利用上端的水银贮槽1来调节下端水银球3中的水银量。

B 贝克曼温度计的调节

贝克曼温度计的调节视实验情况而异。若用在凝固点降低法测量相对分子质量中,当温度达凝固点时,应使它的水银柱停在刻度的上段(一般选在刻度"4"左右);若用在燃烧热、中和热测定时,水银柱应调到刻度下段(一般在刻度"1"左右);若用来测定温度的波动时,应使水银柱调到刻度的中间部分(一般在刻度"2.5"左右)。在调节之前,首先估计一下从刻度a(a为实验需要的温度所对应的刻度位置,如本实验中a为"2.5")到毛细管尖口b一段之间所相当的刻度值,设为R。

调节时,将贝克曼温度计放在盛水的烧杯中缓慢加热,使水银柱上升至毛细管顶部,此时,将贝克曼温度计从烧杯中移出,并迅速倒转,使毛细管的水银柱与水银贮槽1中的水银相连接;然后,再把贝克曼温度计放到烧杯中缓慢加热到 t + R(t 为实验所需要的温度值)。待水银柱稳定(2min以上,并使温度保持在t + R后,取出贝克曼温度计,右手握住温度计的2/3部位,使温度计垂直。以左手掌轻拍右手腕,如图2-3所示(注意操作时应远离实验台,并不可直接敲打温度计,以免碰坏温度计),依靠振动的力量使毛细管中的水银与贮槽中的水银在其接口b处断开。检查一下贝克曼温度计的毛细管中有无水银柱断开之处,若有水银柱断开,则用热水将贝克曼温度计加热以连接水银柱,这时,温度计可满足实验要求。若不适合时,先分析其原因,然后重新调节。由于温度计从水中取出后水银体积迅速变化,因此这一操作要求迅速、轻快,但不能慌乱,以免造成失误。

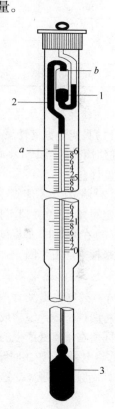

图2-2 贝克曼温度计的构造
a—温度标尺;b—毛细管尖口
1—水银贮槽;2—毛细管;3—水银球

由于贝克曼温度计的刻度是以某一温度为准而划定的,并且这一刻度可认为是不变的,所以,在不同温度下,由于玻璃膨胀系数的不同,可能造成同一刻度间隔的水银量发生变化。因此,在不同的温度范围内使用贝克曼温度计时需加以校正,贝克曼温度计在其他温度下对20℃刻度时的校正值列于表2-1中。

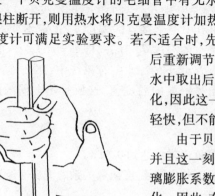

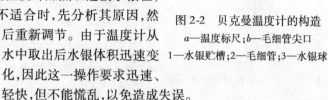
向上轻拍

图2-3 贝克曼温度计的调节示意图

表 2-1　贝克曼温度计在其他温度下对 20°C 刻度时的校正值

调节温度/℃	读数为 1℃时相当的温度/℃	调节温度/℃	读数为 1℃时相当的温度/℃
0	0.9930	55	1.0094
5	0.9950	60	1.0105
10	0.9968	65	1.0115
15	0.9985	70	1.0125
20	1.0000	75	1.0134
25	1.0015	80	1.0143
30	1.0029	85	1.0152
35	1.0043	90	1.0161
40	1.0056	95	1.0169
50	1.0081		

C　使用贝克曼温度计的注意事项

（1）贝克曼温度计属于较贵重的玻璃仪器，并且毛细管较长，水银量也较多，容易损坏。所以，在使用时必须十分小心，不能随便放置，一般应安装在仪器上或调节时握在手中，用完后应放在温度计盒里。

（2）调节时，不能骤冷骤热，以防止温度计破裂。另外，操作时动作不可过大，并与实验台保持一定距离，以免碰到实验台损坏温度计。

（3）在调节时，如温度计下部水银球中的水银与上部水银贮槽中的水银始终不能相接时，应停下来检查一下原因，不可一味对温度计升温，而使下部水银过多地流入上部贮槽中。

2.1.2.3　热电偶温度计

A　热电偶温度计的测温原理

将两种金属导线构成一封闭回路，如果两个接点的温度不同，则由于因两种金属的电子逸出功不同而在接点处产生的接触电势，以及由于同一种金属的温度不同，从而产生了一个温差电势（也称热电势）。如在回路中串接一个毫伏表，则可粗略显示出该温差电势的量值，这便是著名的塞贝克温差电现象。这一对金属导线的组合就构成了热电偶温度计，简称为热电偶。

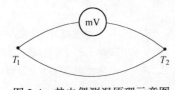

图 2-4　热电偶测温原理示意图

实验表明，温差电势 E 与两个接点的温度差 ΔT 之间存在函数关系。如果其中一个接点的温度 T_1 恒定不变，则温差电势只与另一个接点的温度 T_2 有关，即 $E=f(T_2)$。通常，将其一端置于标准压力 $p^{\ominus}$ 下的冰水共存系统中，那么，通过温差电势就可直接测出另一端的温度值，这便是热电偶的测温原理（见图 2-4）。

B　热电偶温度计的特点

（1）灵敏度高。由于配以精密的电位差计，精度通常可达到 0.01K。

（2）重现性好。热电偶经过精密的热处理后，其热电势-温度函数关系的重现性极好。

（3）量程宽。其量程仅受其材料适用范围的限制。

（4）使用方便。热电偶测温可将温度信号直接转变成电压信号，便于自动记录与自动控制，且适用于远距离测量，因而得到广泛应用。

C 热电偶温度计的种类及性能

热电偶温度计的种类繁多,各有其优缺点,常用的几种热电偶的种类及其性能如表 2-2 所示。

表 2-2 常用热电偶的种类及其性能

材　料	分度号	373.2K 时电势/mV	测温范围/K	备　注
铜-康铜[①]	T	4.277	173.2~473.2	价格便宜,易于制作,但重现性不佳,在还原性介质中使用
镍铬-考铜[②]	EA-2	6.808	273.2~873.2	热电势大,是很好的低温热电偶,在还原性和中性介质中能长期使用
镍铬-镍硅	K(EU-2)	4.095	673.2~1273.2	在氧化性和中性介质中使用,重现性良好,线性好,价格便宜
铂铑 10-铂[③]	S(LB-3)	0.645	1073.2~1573.2	稳定性和重现性均很好,在氧化性和中性介质中使用,测温温区宽,使用寿命长

①康铜为 60% Cu 与 40% Ni 的合金。
②考铜为 56% Cu 与 44% Ni 的合金。
③铂铑 10-铂的正极为铂铑合金,其中含铑 10%,含铂 90%;负极为纯铂,称为单铂铑热电偶。

D 热电偶温度计的制备

以镍铬-考铜热电偶为例,其制备方法如下:取一段长约 0.6m 的镍铬丝,两段长约 0.5m 的考铜丝。在镍铬丝上套上绝缘小瓷管,将其两端分别与两根考铜丝紧密绞合在一起(绞合段长约 5mm)。将绞合段稍稍加热后,蘸上少许硼砂粉,在小火上加热,使硼砂熔化成玻璃态并包裹在绞合部分(防止下一步高温熔融时金属被氧化);然后,将其放在电弧焰或煤气灯的还原焰中,使绞合点熔融成一个光滑的小珠,退火后将玻璃层除去即可。接点的质量直接影响到测量的可靠性,故要求熔点圆滑,无裂纹及焊渣,其直径以约为金属直径的两倍为宜。

E 热电偶温度计的校正

图 2-5 所示为热电偶的校正、使用装置。使用时,一般是将热电偶的一个接点放在被测物体中(热端),而将另一端放在储有冰水的保温瓶中(冷端),这样可以保持冷端的温度恒定。热电偶的校正一般是通过采用一系列温度恒定的标准系统,测量热电势和温度的对应值,从而得到热电偶的工作曲线。实际测温时,根据热电势查工作曲线,即可确定相应的温度。

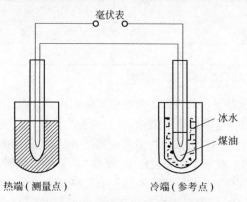

图 2-5　热电偶的校正、使用装置

2.1.2.4　精密数字温度温差仪

在物理化学实验中,对系统的温差进行精确测量时(如燃烧热、溶解热和中和热的测定),以往都是使用水银贝克曼温度计。这种水银玻璃仪器虽然原理简单、形象直观,但使用时易破损,且不能实现自动化控制,特别是在使用前的调节比较麻烦,近年来逐渐被电子贝克曼温度计所取代。电子贝克曼温度计的热电偶通常采用对温度极为敏感的热敏电阻,它是由金属氧化物半导体材料制成的,其电阻与温度的关系为 $R = Ae^{-B/T}$(R 为电阻,T 为绝对温度,A、B 为与材料有关的参数)。通过温度的变化,转换成电性能变化,测量电性能变化便可测出温度的变化。

SWC-Ⅱ D 精密数字温度温差仪属于电子贝克曼温度计的一种,其操作面板如图 2-6 所示。该仪器采用了全集成电路设计,可同时测量系统的温度和温差,而且具有精度高、测量范围宽和操作简单等优点。此外,还设有可调报时、读数保持、基温自动选择、读数采零及超量程显示等功能,并配备 RS-232C 通讯输出口,可以实现温度和温差检测与控制的自动化。

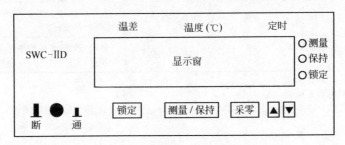

图 2-6　SWC-Ⅱ D 精密数字温度温差仪

A　使用方法

(1)将热电偶插入被测物中,深度大于 5cm,打开电源开关。开机后,仪器即显示热电偶所测物的温度。

(2)温差测量。具体如下:

1)基温选择。仪器根据被测物的温度,自动选择合适的基温,基温选择的标准如表 2-3 所示。

表 2-3　基温选择的标准　　　　　　　　　　　　　　(℃)

温度 t	基温[①]t_0	温度 t	基温[①]t_0
$t < -10$	-20	$50 < t < 70$	60
$-10 < t < 10$	0	$70 < t < 90$	80
$10 < t < 30$	20	$90 < t < 110$	100
$30 < t < 50$	40	$110 < t < 130$	120

① 基温 t_0 不一定为绝对准确值,为标准温度的近似值。

2)温差显示。面板温差显示部分即为被测物实际温度 t 与基温 t_0 的差值。

(3)"采零"键的应用。当温差显示值稳定时,可按"采零"键,使温度显示为"0.000",仪器将此时的被测物温度 t 当作 0℃;若被测物温度变化时,则温差显示的值即为温度的变化值。

(4)"锁定"键的应用。在一个实验过程中,仪器"采零"后,当被测物温度变化过大时,仪器的基温会自动选择,这样,温差的显示值将不能正确反映温度的变化值。所以,在实验开始后,按"采零"键后,再按"锁定"键,仪器将不会改变基温。此时"采零"键也不起作用,直至重新开机。

(5)"测定/保持"键的应用。当温度和温差的变化太快而无法读数时,可将面板"测量/保持"键置于"保持"位置,读数完毕后再转换到"测量"位置,跟踪测量。

(6)定时读数。按面板"▲"或"▼"键,调至所需的报时间隔。调整完后,"定时"显示倒计时,当一个计数周期完毕后,蜂鸣器鸣叫,且读数保持约 5s,此时可观察和记录数据。若不想报警,只需将"定时"读数置于"0"即可。

B 使用注意事项

(1)在测量过程中,"锁定"键需慎用,一旦按"锁定"键,基温自动选择和"采零"将不起作用,直至重新开机。

(2)当仪器的显示窗杂乱无章或显示"OUT"时,表明仪器温差测量已超量程,应检查被测物的温度或热电偶是否连接好,且重新"采零"。

(3)仪器数字不变时,可检查仪器是否处于"保持"状态。

2.1.2.5 电阻温度计

A 金属电阻温度计

金属电阻温度计主要有铂电阻温度计和半导体温度计。铂的化学性质和物理性质稳定性好,电阻随温度变化的重现性高。采用精密的仪器测量技术,可使测温精度达到 0.001℃。国际温标规定:铂电阻温度计为 −183~630℃ 温度范围内的基准温度计。

B 热敏电阻温度计

热敏电阻温度计是由铁、镍、锌等金属的氧化物在高温下熔制而成。金属氧化物热敏电阻具有负温度系数,其阻值 R 与温度 $T(\mathrm{K})$ 的关系可用式(2-4)表示:

$$R = Ae^{-B/T} \tag{2-4}$$

式中,A、B 为常数,A 值取决于材料的形状及大小,B 值为材料物理特性常数。采用电桥测定热敏电阻的电阻值以指示温度。

热敏电阻的阻值 R 与温度 T 之间并非呈线性关系,但当用来测量较小的温度范围时,则近似为线性关系。实验证明,用热敏电阻温度计测温差的精度足以与贝克曼温度计相比,而且具有热容小、反应快、便于自动记录等优点。

2.1.3 温度控制技术

在科学实验中,除了需要进行温度测量外,还常常需要维持某一恒定的温度。在物理化学实验中,所测量的许多物理化学参数(如速率常数、旋光度、电导率、折射率、电动势、平衡常数、渗透压、表面张力及介电常数等)都与温度有关,要求恒定在某一温度下进行测量。

达到恒温的最简单方法就是,维持纯物质两相或两组分系统三相间的平衡(在恒定压力下),这种方法的优点是温度稳定性极好、控制精度极高,而且经济、操作简便。常见的这类系统有:液氮(77.3K)、冰-水(273.2K)、干冰-丙酮(194.7K)、沸点水(373.2K)、沸点萘(491.2K)、沸点硫(717.8K)、$Na_2SO_4 \cdot 10H_2O$(305.53K)等,但这一类系统的恒温温度是不能随意调节的。另一类恒温控制则是通过电子温控系统来实现对温度的控制,其特点是控温范围宽,可根据需要随意设定所控温度。本书在第 3 章中介绍了最常见的恒温槽(见实验1),这里仅介绍 SWQ 智能数字恒温控制器的使用方法。

SWQ 智能数字恒温控制器是通过微处理器对温度传感器(热电偶)的信号进行线性补偿,利用数字信号处理技术进行恒温控制,采用键入式温度设定,可以人为设定恒温槽的灵敏度(回差),其操作面板如图 2-7 所示。

SWQ 智能数字恒温控制器的使用方法如下:

(1)将热电偶插入恒温介质中,电源开关置于"开",此时,"恒温"指示灯亮,左边 LED 显示值为介质温度,右边 LED 显示值为 0.0℃。

(2)恒温温度设置。例如,欲将恒温槽调节到 18.0℃。

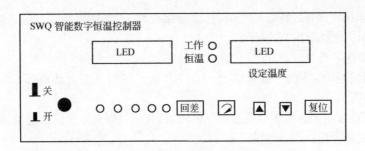

图 2-7　SWQ 智能数字恒温控制器的面板

1）按动 🖉 键,右边 LED 的十位上数字闪烁,再按"▲"键,此位将逐次显示"0"、"1",至显示"1"时停止按动"▲"键。

2）按动 🖉 键,右边 LED 的个位上数字闪烁,再按"▼"键,此位将逐次显示"9"、"8",至显示"8"时停止按动"▼"键。

3）按动 🖉 键,最后一位"0"闪烁;再按动 🖉 键,"工作"指示灯亮。此时,右边 LED 显示值即为设定的温度值 18.0℃。

（3）打开玻璃恒温水浴(其操作面板如图 2-8 所示)的加热器开关和水搅拌开关之后,恒温槽的温度将逐渐升高。升温过程中,可将加热器功率置于"强"位置,恒温时置于"弱"位置。需要快搅拌时,"水搅拌"置于"快"位置,通常情况下,置于"慢"位置即可。

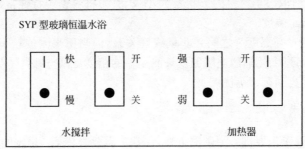

图 2-8　SYP 型玻璃恒温水浴的操作面板

（4）回差温度设置。按"回差"键,回差值将依次显示 0.5、0.4、0.3、0.2、0.1,达到回差温度的设置。当介质温度小于设定温度与回差之差时,加热器处于加热状态;当介质温度大于设定温度与回差之和时,加热器停止加热。由此可见,此回差值即为恒温槽的灵敏度。

（5）实验结束后,关闭加热器、水搅拌和恒温控制器开关。

2.2　压力测量及真空技术

压强是指均匀垂直作用于物体单位面积上的力,在 SI 制中,压强的单位为帕斯卡(Pa)。压力是描述体系宏观状态的一个重要参数,物质的许多性质,如熔点、沸点、蒸气压等都与压力有关。

在物理化学实验中,涉及高压(钢瓶)、常压以及真空系统(如蒸气压的测定)。真空是泛指低于标准压力(100kPa)的稀薄气体的状态。真空度是对气体稀薄程度的一种客观量度,通常也用压力来表示。在物理化学实验中,按真空获得和测量方法的不同,将真空度划分为以下五个范围:粗真空($10^2 \sim 10^3$Pa)、低真空($10^{-1} \sim 10^3$Pa)、高真空($10^{-6} \sim 10^{-1}$Pa)、超高真空($10^{-10} \sim 10^{-6}$Pa)和极高真空(压力低于 10^{-10}Pa)。

　　真空的获得及压力的测量是物理化学实验中一项重要的实验技术。对不同的压力范围,测量方法和使用的仪器也各不相同。

　　测量压力的仪器称为压力计,压力计的种类很多,这里仅介绍常用的 U 形管压力计、弹性式压力计和数字式电子压力计。

2.2.1　U 形管压力计

　　U 形管压力计是实验室常用的压力计(如图2-9 所示)。其测压范围为 0~101.3kPa,它构造简单、使用方便、测量精度较高、容易制作。

　　U 形管压力计由两端开口的垂直 U 形玻璃管及垂直放置的刻度尺所构成,管内盛有适量的工作液体(常用汞、水或乙醇等)。U 形管的一端连接到已知压力(p_1)的基准系统(如大气等),另一端连接到被测压力(p_2)系统。被测系统的压力 p_2 可由下式计算得到:

$$p_2 = p_1 - \rho g \Delta h \tag{2-5}$$

式中,Δh 为被测系统与基准系统的液面高度差,m;ρ 为工作液体的密度,kg/m³;g 为重力加速度,取 10m/s²。

2.2.2　弹性式压力计

2.2.2.1　结构特点

　　弹性式压力计是利用弹簧等元件的弹性力来测量压力的,它是测压仪表(如氧气表)中常用的压力计。由于弹性元件的结构和材料不同,因此,各压力计的弹性位移与被测压力的关系不尽相同。物理化学实验室常用的是单管弹簧式压力计(如图2-10 所示)。被测压力系统的气体从弹簧管固定端进入,通过弹簧管自由端的位移带动指针运动,指示压力值。

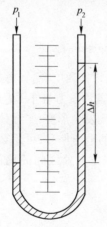
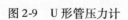

图 2-9　U 形管压力计

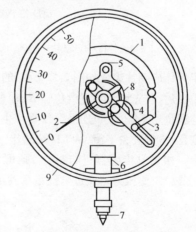

图 2-10　弹簧管压力计
1—金属弹簧管;2—指针;3—连杆;4—扇形齿轮;5—弹簧;
6—底座;7—测压接头;8—小齿轮;9—外壳

2.2.2.2　使用注意事项

(1)合理选择压力表量程。为了保证足够的测量精度,选择的量程应在仪表分度标尺的1/2~3/4范围内;

(2)使用时,环境温度不得超过35℃,如超过应给予温度修正;

（3）测量压力时,压力表指针不应有跳动和停滞现象;

（4）对压力表应定期进行校验。

2.2.3　数字式电子压力计

实验室经常用 U 形管汞压力计测量从真空到外界大气压这一区间的压力。虽然这种方法原理简单、形象直观,但由于汞的毒性以及不便于远距离观察和自动记录,这种压力计逐渐被数字式电子压力计所取代。数字式电子压力计具有体积小、精确度高、操作简单、便于远距离观测和能够实现自动记录等优点,目前已得到广泛的应用。用于测量负压($0 \sim 100 kPa$)的 DP-A 精密数字压力计即属于这种压力计。

2.2.3.1　工作原理

数字式电子压力计是由压力传感器、测量电路和电性指示器三部分组成。压力传感器主要由波纹管、应变梁和半导体应变片组成。如图 2-11 所示,弹性应变梁 2 的一端固定;另一端和连接系统的波纹管 1 相连,称为自由端。当系统压力通过波纹管 1 的底部作用在自由端时,应变梁 2 便发生挠曲,使其两侧的上下四块半导体应变片 3 因机械变形而引起电阻值变化。

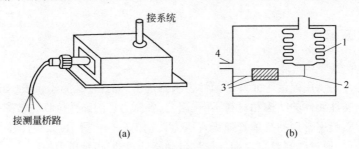

图 2-11　负压传感器的外形与内部结构

（a）外形；（b）结构

1—波纹管；2—应变梁；3—应变片（两侧上下共四块）；4—导线引出孔

这四块半导体应变片组成如图 2-12 所示的电桥线路。当压力计接通电源,在电桥线路 AB 端输入适当电压后,首先调节零点电位器 R_x 使电桥平衡,这时传感器内压力与外压力相等,压力差为零。当连通负压系统后,负压经波纹管产生一个应力,使应变梁发生形变,半导体应变片的电阻值发生变化,电桥失去平衡,从 CD 端输出一个与压力差相关的电压信号,可用数字电压表或电位计测得。如果对传感器进行标定,则可以得到输出信号与压力差之间的比例关系为:$\Delta p = kV$(k 为常数)。此压力差通过电性指示器记录或显示。

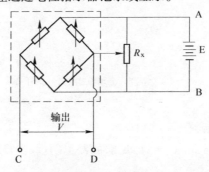

图 2-12　负压传感器电桥线路

2.2.3.2 使用方法

（1）接通电源，按下电源开关，预热5min即可正常工作。

（2）"单位"键。当接通电源，初始状态为"kPa"指示灯亮，显示以kPa为计量单位的零压力值；按一下"单位"键，"mmHg"指示灯亮，则显示以mmHg为计量单位的零压力值。通常情况下，选择以kPa为压力单位。

（3）当系统与外界处于等压状态时，按一下"采零"键，使仪表自动扣除传感器零压力值（零点漂移），显示为"00.00"，此数值表示此时系统和外界的压力差为零。当系统内压力降低时，则显示负压力数值，将外界压力加上该负压力数值，即为系统内的实际压力。

（4）本仪器采用CPU进行非线性补偿，但电网干扰脉冲可能会因出现程序错误造成死机，此时应按下"复位"键，程序从头开始。应注意：一般情况下，不会出现此错误，故平时不需按此键。

（5）当实验结束后，将被测系统泄压为"00.00"，电源开关置于关闭位置。

2.2.4 真空的获得

2.2.4.1 机械泵

若使系统获得$10^{-1} \sim 1$Pa的低真空，采用机械泵抽气即可达到目的。单级旋片式油封机械泵的基本结构如图2-13所示。单级泵只有一个泵腔工作室，泵体是用青铜或钢制成的圆筒形定子，定子里面是圆形泵腔，泵腔内有一个与泵腔偏心的钢制实心圆柱作为转子，转子以自己的中心轴旋转，两个旋片横嵌在转子的直径上，被夹在它们中间的一根弹簧所压紧。这种泵的效率主要取决于旋片与定子之间的严密程度，整个机件都置于盛油的箱中，以油作封闭液和润滑剂，这种油具有很低的蒸气压。

机械泵的抽气过程如图2-14所示。两个旋片S及S′将转子和定子之间的泵腔分隔成三部分。当旋片在图2-14（a）所示位置时，气体由待抽空的系统经过进气口C进入泵腔A；当S随转子转动而处于图2-14（b）所示位置时，泵腔A的体积增大，气体不断经C口吸入；当继续转到图2-14（c）所示位置时，S′将空间A与进气口C隔断；待转到图2-14（d）所示位置，空间C内气体从排气口D排出。转子如此周而复始地转动，两个旋片所分隔的空间不断地吸气和排气，使系统压力降低，从而达到抽气的目的。

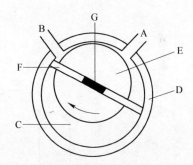

图2-13 单级旋片式油封机械泵的基本结构示意图
A—进气口；B—排气口；C—泵腔；D—定子；
E—转子；F—旋片；G—弹簧

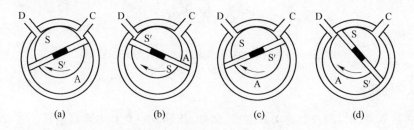

（a）　　　　（b）　　　　（c）　　　　（d）

图2-14 机械泵抽气过程示意图

使用油封机械泵的注意事项有以下几点：

(1)油泵不能用来直接抽吸易液化的蒸气,如水蒸气、挥发性液体(如乙醚和苯等)。如果遇到这些场合时,必须在油泵的进气口前接吸收塔或冷阱。例如,用氯化钙或五氧化二磷吸收水汽,用石蜡油吸收烃蒸气,用活性炭或硅胶吸收其他蒸气。冷阱所用的致冷剂通常为干冰(-78℃)或液氮(-196℃)。

(2)油泵不能用来抽吸腐蚀性气体,如氯化氢、氯气或氧化氮等。因为这些气体能侵蚀油泵内精密机件的表面,使真空度下降。遇到这种场合时,应当先经过固体苛性钠吸收塔处理。

(3)油泵由电动机带动,使用时应先注意马达的电压。运转时,电动机的温度不能超过60℃。在正常运转时,不应有摩擦、金属撞击等异声。

(4)停止油泵运转前,应使泵与大气相通,以免泵油冲入系统。为此,在连接系统装置时,应当在油泵的进口处连接一个与大气相通的玻璃活塞。

2.2.4.2　扩散泵

若使系统获得 $10^{-6} \sim 10^{-1}$ Pa 的高真空,需采用扩散泵。图 2-15 是玻璃油扩散泵的结构和工作原理示意图(图中,虚线箭头表示系统内的气体流向;实线箭头表示泵内的流体流向)。扩散泵底部的硅油被电炉加热至沸腾、气化后,通过中心导管从顶部的二级喷口处高速喷出,在喷口处形成低压,对周围气体产生抽吸作用而将气体带走;同时,硅油蒸气即被冷凝成液体回到底部,重复循环使用。被夹带在硅油蒸气中的气体在底部富集后,随即被机械泵抽走。所以,使用扩散泵时,一定要以机械泵为前级泵,扩散泵本身不能抽真空。扩散泵所用的硅油容易氧化,所以升温不能过高,使用一段时间至硅油颜色变深后,就要更换新油。

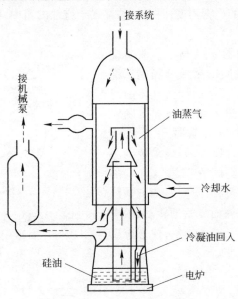

图 2-15　玻璃油扩散泵的结构工作原理示意图

2.2.5　真空的测量

用于测量真空压力的仪器称为真空规,例如,热偶真空规和电离真空规。前者适用于测量 $10^{-1} \sim 10$ Pa 低真空范围内的压力;后者适用于测量 $10^{-6} \sim 10^{-1}$ Pa 高真空范围内的压力。这两种真空规都是相对真空规,需用绝对真空规(如麦克劳林真空规)校对后才能指示相应的压力值。若将热偶真空规与电离真空规组装在一起,则称为复合真空规。

2.2.5.1 热偶真空规

热偶真空规的结构示意如图 2-16 所示。

当气体压力低于某一定值时,气体的传热系数 K 与压力 p 存在 $K = bp$(式中 b 为一比例系数)的正比关系,热偶真空规就是基于这个原理设计的。测量时,将热偶真空规连入真空系统内,调节加热丝上的加热电流使其恒定不变,则热电偶温度将取决于真空规内气体的导热系数;而热电偶的热电势又是随温度而变化的。因此,当与热偶真空规相连的真空系统的压力降低时,气体导热系数减小,加热丝的温度升高,热电偶的热电势便随之增高。由此可见,只要检测热电偶的热电势,即可确定系统的真空度。

2.2.5.2 电离真空规

电离真空规的结构如图 2-17 所示。

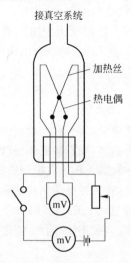

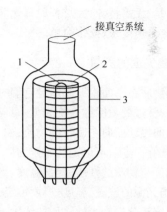

图 2-16　热偶真空规的结构示意图

图 2-17　电离真空规
1—灯丝;2—栅极;3—收集极

电离真空规实际上是个三极管。将电离真空规连入真空系统内,测量时,规管灯丝通电后发射电子,电子向带正电压的栅极加速运动并与气体分子碰撞,使气体分子电离,电离所产生的正离子又被收集极吸引而形成离子流。此离子流 I_+ 与气体的压力 p 呈线性关系:

$$I_+ = sI_e p \tag{2-6a}$$

$$p = \frac{1}{s} \cdot \frac{I_e}{I_+} \tag{2-6b}$$

式中,p 为待测系统的压力,Pa;s 为规管灵敏度;I_e 为发射电流;I_+ 为离子流。对一定的规管来说,s 和 I_e 为恒定参数。因此,测得 I_+ 即可确定系统的真空度 p。电离真空规只有在系统的真空度低于 0.1333Pa 时才能使用,其测量范围为 $1.333 \times 10^{-8} \sim 0.1333$Pa。

用电离真空规测量真空度,只能在被测系统的压力低于 10^{-1}Pa 时才可使用,否则将烧坏规管。

2.3　光学测量技术

光与物质相互作用可以产生各种光学现象,如光的反射、折射、吸收、散射、偏振以及物质的受激辐射等。通过研究这些光学现象,可以提供原子、分子以及晶体结构等方面的大量信息。例如,利用折射率的测量,可以检验物质纯度,定量分析混合物的组成;利用吸光度的测量,可以确定组成;利用旋光度的测量,可以鉴别手性分子;利用 X 射线衍射,可以确定晶体结构等。因此,光学测量技术具有广泛的应用前景。在任何光学测量系统中,均包括光源、滤光器、盛样品器和检测器这些部件,对于不同的光学测量,其部件及组合方式不尽相同,下面仅简要介绍物理化学实验中一些常见的光学测量技术及相关仪器。

2.3.1　折射率的测定

折射率是物质的重要参数之一,它是物质内部电子运动状态的反映。纯物质的折射率与物质的本性、测试温度、光源的波长等因素有关;对于混合物或溶液,还与组分的组成有关。因此,通过折射率的测定,不仅可以定性地检验物质的纯度,还可以定量地分析混合物的组成。此外,物质的摩尔折射率、密度、极性分子的偶极矩等也都与折射率密切相关。

阿贝折射仪是测量物质折射率的专用仪器(见实验 2　阿贝折射仪的使用),该测量方法的主要特点是:无需特殊光源,普通日光即可;棱镜有恒温夹套,可进行恒温测量;试样用量少,测量精度高;测量速度快,操作简单。

2.3.2　旋光度的测量

某些物质在平面偏振光通过它们时,能将偏振光的振动面旋转某一角度,物质的这种性质称为旋光性,转过的角度称为旋光度。具有旋光性的物质有石英晶体、酒石酸晶体、蔗糖的溶液等。使偏振光的振动面向左旋转的物质,称为左旋物质;向右旋转的物质,称为右旋物质。因此,通过测量物质的旋光度,可以定性鉴定物质,它是研究各向异性晶体和手性分子结构的重要手段。物质的旋光度与物质的性质、测试温度、光经过物质的厚度、光源的波长等因素有关。若被测物质是溶液,当光源的波长、温度、厚度恒定时,其旋光度与溶液的浓度成正比,因此,通过旋光度的测量还可以定量分析旋光性物质的浓度。

2.3.2.1　平面偏振光的产生

一般光源发出的光,其光波在与光传播方向垂直的一切可能方向上振动,这种光称为自然光。只在一个固定方向上振动的光,称为偏振光。一束自然光以一定角度进入尼科耳(Nicol)棱镜(由两块直角镜组成)后,分解成两束振动面相互垂直的平面偏振光(如图 2-18 所示)。由于折射率不同,当两束光经过第一块棱镜后到达棱镜与加拿大树胶层的界面时,折射率大的一束光被全反射,并由棱镜框上的黑色涂层吸收;另一束光则通过第二块直角棱镜,从而在尼科耳棱镜的反射方向上得到一束单一的平面偏振光。这个尼科耳棱镜称为起偏镜。

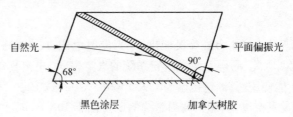

图 2-18　尼科耳棱镜的起偏原理图

2.3.2.2　平面偏振光的检测

对偏振光偏振面的角度位置,也可以用尼科耳棱镜进行检测,此棱镜称为检偏镜。它和旋光仪的刻度盘装在同一轴上,能随之一起转动。检偏镜只允许沿某一方向振动的偏振光通过,设图

2-19 中的 *OB* 为检偏镜所允许通过的偏振光的振动方向。若一束光线经过起偏镜后,所得到的偏振光沿 *OA* 方向振动(如图 2-19 所示)。*OA* 和 *OB* 间的夹角为 θ,振幅为 *E* 的沿 *OA* 方向振动的偏振光可分解为相互垂直的两束平面偏振光,振幅分别为 $E\cos\theta$ 和 $E\sin\theta$,其中,只有与 *OB* 相重合的分量 $E\cos\theta$ 可以通过检偏镜,而与 *OB* 垂直的分量 $E\sin\theta$ 则不能通过。由于光的强度 *I* 正比于光振幅的平方,显然,当 $\theta=0°$ 时,$E\cos\theta=E$,透过检偏镜的光最强;当 $\theta=90°$ 时,$E\cos\theta=0$,此时就没有偏振光通过检偏镜。如以 *I* 表示透过检偏镜光的强度;以 I_0 表示透过起偏镜光的强度,当 θ 在 $0°\sim90°$ 之间变化时,则有如下关系:$I=I_0\cos^2\theta$。旋光仪就是利用透光的强弱来测定物质旋光度的。

2.3.2.3 旋光仪与旋光度的测量

旋光仪是利用检偏镜来测定旋光度的。在旋光仪中,起偏镜是固定的,若调节检偏镜与起偏镜的夹角 $\theta=90°$,则从检偏镜中观察到的视场呈现黑暗。如果在起偏镜和检偏镜之间放一盛有旋光性物质的样品管,由于物质的旋光作用,使 *OA* 偏转一个角度 α(见图 2-20 中的 *OA'* 位置),这样,在 *OB* 方向上就有一个分量,所以视场不呈现黑暗,必须将检偏镜也相应的旋转一个 α 角(见图 2-20 中的 *OB'* 位置),这样视场才能重新恢复黑暗。当旋转检偏镜时,刻度盘也随之一起转动,其旋转的角度可从刻度盘上读出。

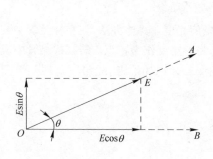

图 2-19 检偏镜原理示意图

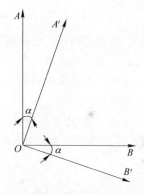

图 2-20 物质的旋光作用

如果没有比较,凭肉眼难以判断一个视场的明暗程度,为了提高观测精度,通常采取三分视场法,即在起偏镜后的中部装一狭长的石英片,其宽度约为视野的 1/3。由于石英片具有旋光性,从石英片透过的那一部分偏振光则被旋转了一个角度 φ,称为半暗角。如图 2-21 所示,*OA* 是透过起偏镜后偏振光的位置,*OC* 是透过石英片后偏振光的位置。当检偏镜(透光位置用 *OB* 表示)在 $0°\sim360°$ 之间转动的过程中,三分视场的明暗程度将发生一系列变化,其中有代表性的几种情况如下:

(1)若检偏镜的透光位置 *OB* 与起偏镜的透光位置 *OA* 重合(如图 2-21(a)所示),则从石英片中透过的光由于被旋转了一个角度 φ,所以,从望远镜中可观察到视场中间较暗,两侧的光最强。

(2)若旋转检偏镜使 *OB* 与 *OC* 垂直(如图 2-21(b)所示),则视场中间最暗,两侧较亮。

(3)若旋转检偏镜使 *OB* 与 *OA* 垂直(如图 2-21(c)所示),则视场两侧最暗,中间较亮。

(4)若 *OB* 与 $\angle AOC$ 的平分线 *PP'* 垂直(如图 2-21(d)所示),则三分视场明暗相同。此时,判断三分视场的消失最灵敏。

(5)若 *OB* 与 $\angle AOC$ 的平分线 *PP'* 重合(如图 2-21(e)所示),则三分视场均很亮。但此时,由于视场特别亮,不利于判断三分视场的消失。

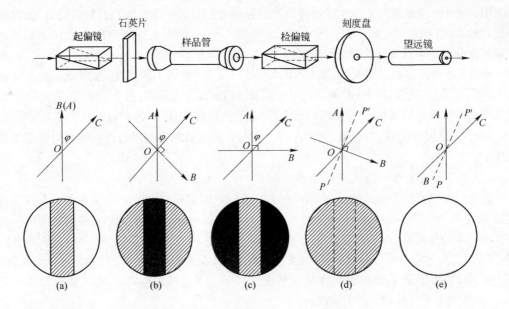

图 2-21　旋光仪的测量原理

由此可见,可以选择在三分视场消失的位置处测量旋光度。具体办法是:在样品管中装满无旋光性的蒸馏水,调节检偏镜的角度使三分视场消失,将此角度作为零点。若在样品管中换以旋光性被测样品,则必须将检偏镜转动某一角度 α,才能使三分视场消失,此角度 α 即是被测样品的旋光度。

2.3.2.4　旋光仪的使用方法

旋光仪的外形图如图 2-22 所示。

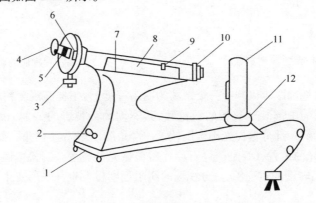

图 2-22　旋光仪的外形图

1—底座;2—电源开关;3—刻度盘旋转手轮;4—目镜;5—视度调节螺旋;

6—刻度盘游标;7—镜筒;8—镜筒盖;9—镜盖手柄;

10—镜盖连接圈;11—灯罩;12—灯座

旋光仪的使用方法如下:

(1)首先打开电源开关 2,待 2～3min 钠光灯稳定后,从望远镜的目镜 4 观察视场,如不清楚可调节视度调节螺旋 5。

(2)在样品管——旋光管(见图 2-23)中充满蒸馏水(无气泡),置入旋光仪的镜筒 7 中;调节刻度盘旋转手轮 3 使三分视场消失(视场较暗),从刻度盘游标 6 读取此时的角度,记作旋光仪的零点。

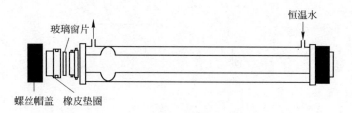

图 2-23 带有恒温夹套的旋光管

(3)将被测样品装入旋光管中,置入旋光仪的镜筒 7 中;按上述方法调节使三分视场消失,从刻度盘游标读取此时的角度,此角度与零点之差即为被测样品的旋光度。

在目前一些新型的旋光仪(如 WZZ-1 型自动指示旋光仪)中,三分视野的检测以及检偏镜角度的调整,都是通过光-电检测、电子放大及机械反馈系统自动完成的,最后用数字显示或自动记录等二次仪表显示物质的旋光度,因此,使测量过程更加快速,测量结果更加精确。

2.3.2.5 WZZ-1 型自动指示旋光仪

A WZZ-1 型自动指示旋光仪的结构

图 2-24 是 WZZ-1 型自动指示旋光仪的结构示意图。以钠光灯作光源,它发射波长为 589.3nm 的单色光,通过光栅和透镜变成平行光,平行光通过起偏镜变为平面偏振光,其振动平面为图 2-25 中的 OO 面。若起偏镜与检偏镜的光轴 PP 相互垂直(如图 2-25(a)所示),则无讯号传至光电倍增管,此即为光学零点。当偏振光通过磁旋线圈时,由于法拉第效应,其偏振面便会产生 β 角的往复摆动(如图 2-25(b)所示),其频率为 50Hz。在光学零点可得到 100Hz 的光电讯号,如果在光路上放入旋光性样品,则偏振面由 OO 面偏转至 $O'O'$ 面,偏转角为 α 角(如图 2-25(c)所示),此时得到 50Hz 的光电讯号。由于两光轴不再垂直,因此此讯号可传至光电倍增管,通过放大装置,使伺服电机启动,带动蜗轮蜗杆将起偏镜反向转动 α 角(如图 2-25(d)所示),仍回到光学零点。α 角可通过读数器显示出来,此即为样品的旋光度。仪器中的滤色片用来消除杂散光,防止其进入光电倍增管。

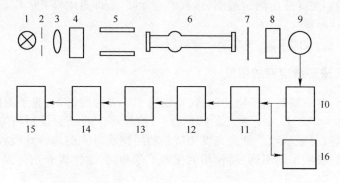

图 2-24 WZZ-1 型自动指示旋光仪的结构示意图

1—光源;2—光栅;3—透镜;4—起偏镜;5—磁旋线圈;6—样品管;7—色片;
8—检偏镜;9—光电倍增管;10—前置放大;11—选频放大;12—功率放大;
13—伺服电机;14—蜗轮蜗杆;15—读数器;16—自动高压

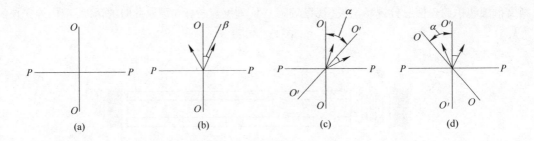

图 2-25　WZZ-1 型自动指示旋光仪的工作原理示意图

B WZZ-1 型自动指示旋光仪的使用方法

WZZ-1 型自动指示旋光仪的面板如图 2-26 所示。

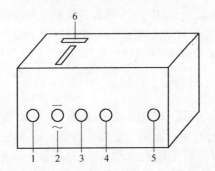

图 2-26　WZZ-1 型自动指示旋光仪的面板示意图
1—电源;2—光源;3—示数;4—复测;
5—调节零位手轮;6—读数器

其具体使用方法为:

(1)打开电源开关,经 5min 预热使钠光灯稳定后即可工作。将蒸馏水装入洗净的旋光管中,旋上螺帽,用毛巾擦干两端通光面上的水。螺帽不宜旋得过紧;旋光管中应尽量避免有气泡,若有气泡,应使其浮于凸出处,以免影响读数。将旋光管放入样品室中,盖上室盖。

(2)打开示数开关,将光源开关扳向直流电。若此时灯灭,则将光源开关上下扳动数次,使钠光灯在直流电下工作。调节零位手轮,使读数器上指示值为零。

(3)取出旋光管,倒出蒸馏水,注入待测液,擦干后放入样品室中,其方向和位置与前面相同,盖上室盖,读数器即转出样品的旋光度,红色数字表示左旋(-),黑色数字表示右旋(+)。按下"复测"按钮,重复读数,取得的平均值即为测定结果。

(4)若样品的旋光度超出测定范围,读数器在 ±45° 处即自动停止。应取出旋光管,按"复测"按钮,仪器即转回零位。

(5)使用完毕后,关闭电源,洗净旋光管待用。

2.3.3 分光光度法测量溶液的浓度

物质的分子具有一系列量子化的能级,当物质受到光的照射后,光子的能量 $h\nu$(h 为普朗克常数, $h = 6.626 \times 10^{-34} J \cdot s$; ν 为光的频率, s^{-1})恰好等于分子激发到高能级上所需的能量时,此波长的光则被分子吸收。分光光度法就是利用物质对光的选择性吸收而建立起来的分析方法。根据光波长范围的不同,所使用的仪器不尽相同,这里仅介绍可见光(400 ~ 750nm)分光光度法。

2.3.3.1 分光光度法的基本原理

当一束强度为 I_0 的单色光垂直照射某物质的溶液后,由于一部分光被体系吸收,因此透射光的强度降至 I,则溶液的透光率 T 为:

$$T = \frac{I}{I_0}$$

(2-7)

根据朗伯(Lambert)-比尔(Beer)定律:

$$-\lg T = \varepsilon l c \tag{2-8}$$

令 $A = -\lg T$,则

$$A = \varepsilon l c \tag{2-9}$$

式中,A 为溶液的吸光度;l 为溶液层的厚度,cm;c 为溶液中吸光物质的物质的量浓度,mol/L;ε 为摩尔吸光系数,L/(cm·mol)。其中,吸光系数 ε 与溶液的本性、温度以及波长等因素有关。溶液中其他组分(如溶剂等)对光的吸收,可用空白液扣除。

由式(2-9)可知,当固定溶液层厚度 l 和吸光系数 ε 时,吸光度 A 与溶液的浓度呈线性关系。在定量分析时,首先需要测定溶液对不同波长光的吸收情况(吸收光谱),从中确定最大吸收波长 λ_{max},然后以波长为 λ_{max} 的光为光源,测定一系列已知浓度 c 的溶液的吸光度 A,作出 A-c 工作曲线。在分析未知溶液时,根据测量的吸光度 A 查工作曲线,即可确定出相应的浓度。这便是分光光度法测量浓度的基本原理。

2.3.3.2 分光光度计

分光光度计是在一定光区进行定量比色分析的仪器。目前,国产的分光光度计种类较多,常见的型号有 72 型、721 型、722 型、723 型、752 型、740 型等。按单色器类型,分为棱镜型和光栅型两种;按单色器数目,分为单光束和双光束两种。这里以 752 型紫外分光光度计为例,说明其工作原理。

A 基本结构

752 型紫外分光光度计是单光束、光栅型分光光度计,既可测量波长为 200~400nm 的近紫外区,也可测量波长为 400~800nm 的可见光区。该仪器由光源室、单色器、样品室、光电管暗盒、电子系统及数字显示器等部件组成,仪器的工作原理如图 2-27 所示。

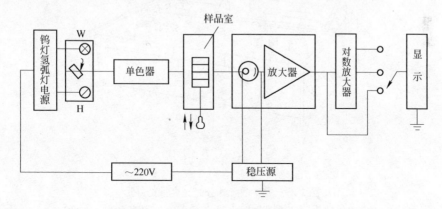

图 2-27 752 型紫外分光光度计的工作原理

B 光路系统

仪器内部的光路系统如图 2-28 所示。从钨灯或氢灯发出的连续辐射光经滤色片和聚光镜至单色器的进狭缝,经平面反射镜反射至准直镜后,变成平行光射向光栅;光栅使入射的复合光通过衍射效应形成按波长顺序排列的单色光,此连续排列的单色光重新返回准直镜后,经反射聚焦在出狭缝上;出狭缝选出一定带宽的单色光通过聚光镜后,照射到被测样品上,未被样品吸收的透射光射向光电管阴极面;根据光电效应,会产生一微弱的电流,此电流经电子系统放大、数字转换,送到显示器上,即显示出样品的测量值。

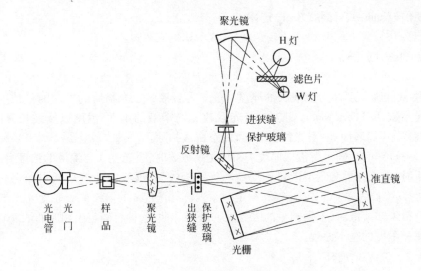

图 2-28　752 型紫外分光光度计的光路系统

C 使用方法

752 型紫外分光光度计的外形如图 2-29 所示。

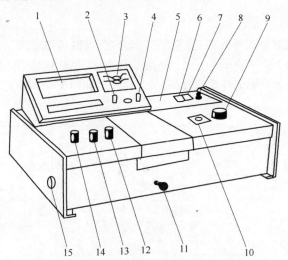

图 2-29　752 型紫外分光光度计的外形

1—数字显示屏;2—吸光度调零旋钮;3—选择开关;4—浓度旋钮;5—光源室;
6—电源开关;7—氢灯电源开关;8—氢灯触发按钮;9—波长手轮;
10—波长刻度窗;11—试样架拉手;12—100%(T)旋钮;
13—0%(T)旋钮;14—灵敏度旋钮;15—干燥室

752 型紫外分光光度计的使用方法如下:

(1)将灵敏度旋钮置于"1"挡(放大倍数最小)。

(2)按下电源开关,钨灯点亮,若测试不需要紫外部分,仪器预热后即可使用。若需要紫外测量,则按下氢灯电源开关,氢灯电源接通,再按氢灯触发按钮点亮氢灯,仪器预热 30min(仪器背后有一个钨灯开关,若不需用钨灯时,可将其关闭)。

(3)选择开关置于"T"。打开样品室室盖,调节 0%(T)旋钮,使数字显示为"000.0"。

(4)旋动波长手轮,选择测量所需的波长。

(5)将盛有参比溶液和被测溶液的比色皿置于比色皿架中。

(6)盖上样品室室盖,将参比液比色皿置于光路中,调节100%(T)按钮,使数字显示为"100.0"。如果显示不到"100.0",则可适当增加灵敏度的挡数。将被测溶液置于光路中,数字显示值即为透光率。

(7)若不需测量透光率,仪器显示"100.0"后,即将选择开关置于"A",旋动吸光度旋钮,使数字显示为"000.0";然后,将被测溶液置于光路中,数字显示值即为溶液的吸光度。

(8)浓度c的测量。将选择开关由"A"旋至"C",将已知浓度的溶液置于光路中,调节浓度旋钮使数字显示为浓度值,再将被测溶液置于光路中,即可显示出相应的浓度测量值。

D 使用注意事项

(1)测定波长在360nm以上时,需用玻璃比色皿;测定波长在360nm以下时,需用石英比色皿。比色皿外部要用滤纸吸干,不要用手触摸比色皿光滑的表面。

(2)每套仪器配套的比色皿不能与其他仪器的比色皿单个调换。若损坏需增补时,应经校正后才可使用。

(3)开启或关闭样品室室盖时,需轻轻操作,防止损坏光门开关。

(4)不测量时,应使样品室室盖处于开启状态,以避免光电管疲劳,使数字显示不稳定。

(5)如大幅度调整波长时,需等数分钟后才能工作,因为光能量变化急剧,使光电管响应变得缓慢,需要有一个移光响应平衡时间。

(6)应经常检查干燥室内的硅胶是否变色,变色后应及时更换。

2.4 电学测量技术

电化学测量技术在物理化学实验中占有十分重要的地位,它是物理学中的一些电学测量技术在电化学领域中的具体应用。这里仅简要介绍电化学测量中最常用的一些实验技术。

2.4.1 电导的测量

2.4.1.1 电导概述

能导电的物体称为导体。导体主要有两类:一类是电子导体,如金属、石墨等,它们是依靠自由电子在电场作用下的定向移动而导电;另一类是离子导体,如电解质溶液、熔融电解质或固体电解质等,这类导体依靠离子在电场作用下的定向迁移而导电。

电解质溶液的导电能力由电导G来度量,它是电阻的倒数,即:

$$G = \frac{1}{R} \tag{2-10}$$

电导的单位是西门子,符号为S,$1S = 1/\Omega$。

将电解质溶液放入两个平行电极之间,若两电极距离为l,电极面积为A,则溶液的电导为:

$$G = \kappa \frac{A}{l} \tag{2-11}$$

式中,κ为电导率,其物理意义是:当$l = 1m$,$A = 1m^2$时溶液的电导,其单位为S/m。定义电导池系数为:

$$K_{\text{cell}} = \frac{l}{A} \tag{2-12}$$

$$\kappa = K_{\text{cell}} G \tag{2-13}$$

式中，K_{cell} 为电导池系数，m^{-1}。

通常将一个电导率已知的电解质溶液注入电导池中，测其电导 G，根据式（2-13）即可求出 K_{cell}。

电解质溶液的摩尔电导率为：

$$\Lambda_{m} = \frac{\kappa}{c} \tag{2-14}$$

式中，Λ_{m} 为电解质溶液的摩尔电导率，$S \cdot m^{2}/mol$；c 为电解质溶液的浓度，mol/m^{3}。

2.4.1.2　电导的测量

测量电解质溶液的电导最常用的仪器是电导仪。它的特点是测量范围广、可快速直读及操作方便，如配接自动电子电势差计后，还可对电导的测量进行自动记录。电导仪的测量原理是基于电阻分压原理的一种不平衡测量法，电导仪的类型很多，但基本工作原理大致相同。实验室常用的电导仪有 DDS-11 型电导仪和 DDS-11A 型电导仪两种，现以 DDS-11 型电导仪为例，介绍其测量原理与使用方法。

A　DDS-11 型电导仪的测量原理

DDS-11 型电导仪由振荡器、放大器和指示器等部分组成。图 2-30 为其测量原理示意图。图 2-30 中，E 为振荡器产生的标准电压，R_{x} 为电导池的等效电阻，R_{m} 为标准电阻器的电阻，E_{m} 为 R_{m} 上的交流分压。稳压器输出稳定的直流电压，供给振荡器和放大器，使它们在稳定状态下工作。振荡器输出电压不随电导池电阻 R_{x} 的变化而变化，从而为电阻分压回路提供一个稳定的标准电压 E，电阻分压回路由电导池 R_{x} 和测量电阻 R_{m} 串联组成。E 加在该回路 AB 两端，产生电流 i_{x}。根据欧姆定律可知：

$$I_{x} = \frac{E}{R_{x} + R_{m}} = \frac{E_{m}}{R_{m}} \tag{2-15}$$

则

$$E_{m} = \frac{ER_{m}}{R_{x} + R_{m}} = \frac{ER_{m}}{R_{m} + 1/G} \tag{2-16}$$

式中，G 为电导池中溶液的电导，S。

式（2-16）中，E 不变，R_{m} 经设定后也不变，当溶液的电导有所改变（即电阻值 R_{x} 发生变化）时，必将引起 E_{m} 的变化，因此，测 E_{m} 的值就反映了电导 G 的高低。E_{m} 经放大器后，将换算成电导（率）值显示在指示器上。

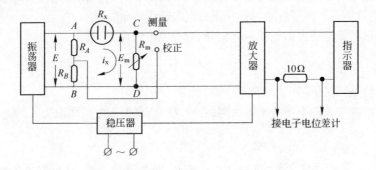

图 2-30　DDS-11 型电导仪的测量原理

B　DDS-11 型电导仪的使用方法

DDS-11 型电导仪的板面如图 2-31 所示。

为保证测量准确及仪表安全，必须按以下各点使用：

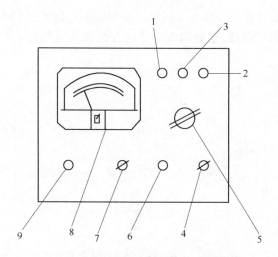

图 2-31　DDS-11 型电导仪的板面

1,2—电极接线柱;3—电极屏蔽线接线柱;4—校正测量换挡开关;5—范围选择器;
6—校正调节器;7—电源开关;8—指示电表;9—指示灯

(1)通电前,检查表针是否指零;如不指零,可调整表头的调整螺丝,使表针指零。

(2)当电源线的插头被插入仪器的电源孔(在仪器的背面)后,开启电源开关,灯即亮,预热后即可工作。

(3)将范围选择器 5 扳到所需的测量范围(如不知被测量数值范围的大小,应先调至最大量程位置,以免过载使表针打弯,然后逐挡改变到所需量程)。

(4)连接电板引线。被测定溶液为低电导($5\mu S$ 以下)时,用光亮铂电极;待测液电导在 $5\mu S \sim 150mS$ 时,用铂黑电极。

(5)将校正测量换挡开关 4 扳向“校正”,调整校正调节器 6,使指针停在指示电表 8 中的倒立三角形处。

(6)将校正测量换挡开关 4 扳向“测量”,将指示电表 8 中的读数乘以范围选择器 5 上的倍率,即得被测溶液的电导。

(7)在测量中,要经常检查“校正”是否改变,即将校正测量换挡开关 4 扳向“校正”时,指针是否仍停留在倒立三角形处。

C　DDS-11 型电导仪的使用注意事项

(1)电极引线不能潮湿,否则将引入测量误差。

(2)高纯水被盛入容器后应迅速测量,否则空气中的 CO_2 在水中溶解,将导致电导率显著增加。

(3)实验用水必须是电导为 $5\mu S$ 以下的三次蒸馏水。

(4)仪器应该在 $5 \sim 40℃$,空气相对湿度不大于 85%,电源电压为 $(220 \pm 22)V$,电源频率为 $(50 \pm 1)Hz$,并且无磁场干扰和无腐蚀性气体的条件下使用。

2.4.2　电池电动势的测量

电池电动势不能直接用伏特计或万用电表来测量,因为电池与伏特计、万用电表连接后有电流通过,会在电极上发生电极极化,结果使电极偏离平衡状态;另外,电池本身有内阻,所以伏特计或万用电表所量得的仅是不可逆电池的端电压。因此,测量电动势只能在无电流通过的情况下进行。为此,可在测量装置上设计一个与待测电池数值相等而方向相反的外加电动势,以对消待测电池的电动势,这种测电动势的方法称为对消法。对消法的基本原理如图2-32 所示。

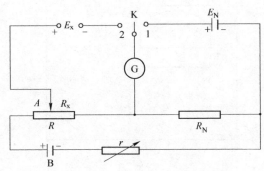

图 2-32　　UJ-25 型电势差计基本原理图

2.4.2.1　测量原理

在线路图 2-32 中,E_N 是标准电池,它的电动势值是已经精确知道的。E_x 为待测电池,其电动势未知。G 是检流计,用来作示零仪表。R_N 为标准电池的补偿电阻,其大小是根据工作电流来选择的。R_x 是被测电动势的补偿电阻,它由已知电阻值的各进位盘组成,因此,通过它可以调节不同的电阻数值,使其电压降相互对消。r 是调节工作电流的变阻器,A 为滑线电阻,B 是作为电源用的电池,K 为转换开关,R 为可调电阻。

先将开关 K 合在"1"的位置上,然后调节 r,使检流计 G 指示到零点,这时有下列关系:

$$E_N = IR_N \tag{2-17}$$

式中,I 是流过 R_N 和 R 上的电流,称为电势差计的工作电流;E_N 是标准电池的电动势。由式(2-17)可得:

$$I = E_N / R_N \tag{2-18}$$

工作电流调好后,将转换开关 K 合至"2"的位置上,同时移动滑线电阻 A,再次使检流计 G 指到零点。此时,滑动电阻 A 的触头在可调电阻 R 上的电阻值设为 R_x,则有:

$$E_x = IR_x \tag{2-19}$$

因为此时的工作电流就是前面所调节的数值,因此有:

$$E_x = \frac{E_N}{R_N} R_x \tag{2-20}$$

所以,当标准电池电动势 E_N 和标准电池电动势的补偿电阻 R_N 的数值确定时,只要正确读出 R_x 的值,就能正确测出未知电动势 E_x。

应用对消法测量电动势有下列优点:

(1)当待测电动势和测量回路的相应电动势在电路中完全对消时,测量回路与被测量回路之间无电流通过,所以测量线路不消耗被测量线路的能量,这样,被测量线路的电动势不会因为接入电位差计而发生任何变化。

(2)不需要测出线路中所流过电流 I 的数值,而只需测得 R_x 与 R_N 的值就可以了。

(3)测量结果的准确性依赖于标准电池电动势 E_N 的准确性,以及被测电动势的补偿电阻 R_N 与标准电动势补偿电阻 R_x 之比值的准确性。由于标准电池电动势 E_N 及电阻 R_N 都可以达到高精度,而且还可以采用高灵敏度的检流计,因而测量结果极为准确。

2.4.2.2 UJ-25 型电势差计

直流电位差计是测量电池电动势的装置,它是根据对消法原理设计制造的,与标准电池、检流计等配合使用,可获得较高的精确度。

直流电位差计分为低阻、高阻两种类型,701 型、UJ-1 型等属于低阻型,用于一般测量;UJ-9 型、UJ-25 型等属于高阻型,用于较精确的测量。UJ-25 型电势差计测量电动势的范围上限为 600V,下限为 0.000001V;但当测量高于 1.911110V 以上的电压时,必须配用分压箱来提高测量上限。本书介绍 UJ-25 型直流电位差计,其内部电路简图及面板结构分别如图 2-33、图 2-34 所示。

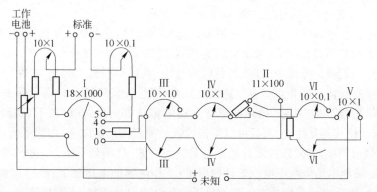

图 2-33 UJ-25 型电势差计的电路简图

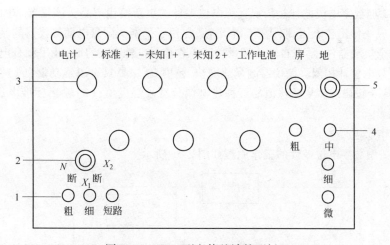

图 2-34 UJ-25 型电势差计的面板
1—电计按钮;2—转换开关;3—电势测量旋钮(共 6 只);
4—工作电流调节旋钮(共 4 只);5—标准电池温度补偿旋钮

UJ-25 型电势差计的使用步骤如下:

(1)连接线路。首先,将转换开关 2 拨到"断"的位置,并将左下方三个电计按钮(粗、细、短路)全部松开;然后,按图 2-34 所示将标准电池、工作电池、待测电池及检流计分别用导线连接在"标准"、"工作电池"、"未知 1"或"未知 2"及"电计"接线柱上,注意正、负极不要接反。

(2)标定电位差计。调节工作电流,先读取标准电池上所附温度计的温度值,并按下列公式计算标准电池的电动势。

$$E_{MF} = E_{MF}(20℃) - 4.05 \times 10^{-5}(t-20) - 9.5 \times 10^{-7}(t-20)^2 - 1 \times 10^{-8}(t-20)^3 \quad (2-21)$$

将标准电池温度补偿旋钮 5 调节到该温度下的电池电动势处,再将转换开关 2 置于"N"的位置;按下电计按钮 1 的"粗"按钮,调节工作电流调节旋钮 4,使检流计示零;然后,按下"细"按钮,再调节工作电流使检流计示零,此时,工作电流调节完毕。由于工作电池的电动势会发生变化,所以在测量过程中要经常标定电位差计。

(3)测量未知电动势。松开全部按钮,若待测电动势接在"未知 1"接线柱上,则将转换开关 2 置于"X_1"位置。从左到右依次调节各测量旋钮,先按下电计按钮 1 的"粗"按钮,使检流计示零;然后,松开"粗"按钮,随即按下"细"按钮,使检流计示零。依次调节各个测量旋钮,直至检流计光点示零。六个测量旋钮下的小窗孔内读数的总和,即为待测电池的电动势。

使用 UJ-25 型电势差计的注意事项如下:

(1)测量时,电计按钮按下时间应尽量短,以防止电流通过而改变电极表面的平衡状态。

(2)电池电动势与温度有关,若温度改变,则要经常标定电位差计。

(3)在标定与测量的操作中,可能遇到电流过大、检流计受到"冲击"的现象。为此,应迅速按下"短路"按钮,检流计的光点将会迅速恢复到零位置,使灵敏检流计得以保护。实际操作时,常常是在按下"粗"或"细"按钮,得知检流计光点的偏转方向后,立即按下"短路"按钮,这样不仅保护了检流计使其免受冲击,而且可以缩短检流计光点的摆动时间,加快了测量的速度。

(4)在测量过程中,若发现检流计光点总是偏向一侧,找不到平衡点,这表明没有达到补偿,其原因可能是:被测电动势高于电位差计的限量;工作电池的电压过低;线路接触不良或导线有断路;被测电池、工作电池或标准电池极性接反。应认真分析清楚,不难排除这一故障。

2.4.2.3　UJ33D-2 型数字电子电位差计

UJ33D-2 型数字电位差计是传统直流电位差计的更新换代产品。该仪器采用内置的高精度参考电压集成块作比较电压,取代了标准电池,保留了平衡法测量电动势仪器的基本原理。其线路设计采用全集成器件,具有自动化测量功能。在测量电池电动势时,几乎没有电流通过,因此,其效果与直流电位计相似。该仪器测量速度快、精度高,主要具有以下功能:(1)直读测量电压;(2)直读对应于输出或测量毫伏值的五种热电偶分度号温度值;(3)输出标准电压,直接校验各种低阻抗仪表。

A　工作原理

UJ33D-2 型数字电位差计的工作原理如图 2-35 所示。

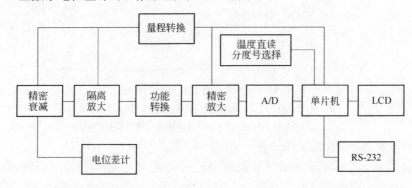

图 2-35　UJ33D-2 型数字电位差计的工作原理

电位差计产生的稳定直流电压经精密衰减、隔离放大后由四端方式输出,量程转换选择所需测量输出的量程范围,功能转换选择输出或测量方式,测量或输出信号经精密放大后送 A/D 转换成数字信号,经单片机处理后由 LCD 数字直读显示和送 RS-232 通讯口。

B 使用方法

UJ33D-2 型数字电位差计的操作面板如图 2-36 所示。这里仅介绍直读测量电压的使用方法,具体如下:将外接 9V 直流电源的插头接在外接电源插座 5"DC9V"上,功能转换开关 2 置于"测量"挡,量程转换开关 9 置于"2V"挡;将待测电池的正极接"VX",负极接"COM"和"P－"("COM"和"P－"之间短路),按下电源开关 4,则 LCD 显示器 12 显示的就是待测电池的电动势。按下电源开关至"0"或拔去"DC9V"上的插头,仪器即停止工作。

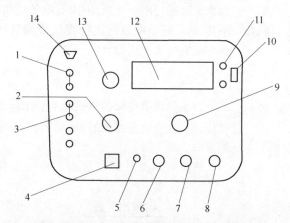

图 2-36 UJ33D-2 型数字电位差计的操作面板

1—信号端钮;2—功能转换开关;3—导电片;4—电源开关;5—外接电源插座;6—调零旋钮;
7—粗调旋钮;8—细调旋钮;9—量程转换开关;10—温度直读开关;11—发光指示管;
12—LCD 显示器;13—分度号选择开关;14—电源指示灯

2.4.3 酸度计及溶液 pH 值的测定

酸度计是用来测定溶液 pH 值的一种仪器,其优点是使用方便、测量迅速。

2.4.3.1 酸度计测定溶液 pH 值的基本原理

酸度计主要是由指示电极、参比电极和检测系统三部分组成。

常用 pH 玻璃电极作为 H^+ 的指示电极,饱和甘汞电极(SCE)作为参比电极,两者浸入待测溶液中组成电池。测量溶液 pH 值的典型电池系统如图 2-37 所示。

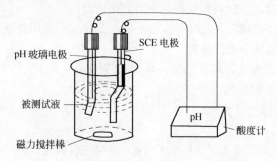

图 2-37 测定溶液 pH 值的典型电池系统

参比电极常用的是饱和甘汞电极,其组成为 $Hg \mid Hg_2Cl_2 \mid KCl$(饱和溶液),它的电极电势不随溶液 pH 值的不同而发生变化,但随温度的升高而降低,其与温度的关系式为:

$$E = 0.2415 - 7.61 \times 10^{-4}(T - 298.15)$$

$$(2-22)$$

式中,E 为参比电极的电极电势,V。

指示电极一般采用玻璃电极。其构造如图 2-38 所示,下端是一个很薄的由特种玻璃制成的玻璃泡,其直径为 5~10mm,玻璃厚度为 0.2mm,玻璃泡中装有 0.1mol/L 的 HCl 溶液和一个 Ag-AgCl 电极作为内参比电极,这样组成的玻璃电极可表示为:Ag(s)|AgCl(s)|HCl(aq,0.1mol/L),玻璃膜将此电极与饱和甘汞电极浸入待测溶液,组成如图 2-37 所示的电池。

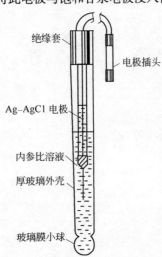

图 2-38　玻璃电极构造示意图

（图中标注：绝缘套、电极插头、Ag-AgCl 电极、内参比溶液、厚玻璃外壳、玻璃膜小球）

当玻璃电极浸入待测溶液后,待测溶液中 H^+ 与电极球泡表面水化层进行离子交换,因而有电势产生。由于内层 H^+ 的活度不变,所以玻璃电极的电势将随待测溶液中 H^+ 的活度而变化,其电极电势表达式为:

$$E_{玻} = E_{玻}^{\ominus} + \frac{RT}{F}\ln a_{H^+} = E_{玻}^{\ominus} - \frac{2.303RT}{F}\text{pH} \qquad (2\text{-}23)$$

式中,$E_{玻}$ 为玻璃电极的电极电势,V;$E_{玻}^{\ominus}$ 为玻璃电极的标准电极电势,V;a_{H^+} 为待测溶液的 H^+ 活度;R 为摩尔气体常数;F 为法拉第常数。

将玻璃电极与饱和甘汞电极一起插入待测溶液中(见图 2-37),则组成下列电池:

$$\underbrace{\text{Ag} | \text{AgCl} | \overbrace{\text{HCl}(0.1\text{mol/L})}^{\text{内参比溶液}} | \text{玻璃膜}}_{\text{内参比电极}} | \overbrace{\text{待测溶液}}^{\text{外部溶液}} | \underbrace{| \text{饱和甘汞电极}}_{\text{外参比电极}}$$

该电池的电动势为:

$$E_{\text{MF}} = E(\text{饱和甘汞电极}) - E_{玻}^{\ominus} + \frac{2.303RT}{F}\text{pH} \qquad (2\text{-}24)$$

则有:

$$\text{pH} = \frac{E_{\text{MF}} - E(\text{饱和甘汞电极}) + E_{玻}^{\ominus}}{2.303RT/F} \qquad (2\text{-}25)$$

由式(2-25)可见,若用这一电池的电动势计算待测溶液的 pH 值,必须首先知道 $E_{玻}^{\ominus}$ 值。由于玻璃电极存在着不对称电势,因而不同的玻璃电极有不同的 $E_{玻}^{\ominus}$ 值。为了消除这种不对称电势,一般是利用比较法测定溶液的 pH 值,即先把一个已知 pH 值的缓冲溶液置于上述电池中,测其电动势;然后再测待测电池的电动势,从而求出 pH 值。在用酸度计测量时,前一步骤称为定位,后一步骤称为测量,其 pH 值可以从指示表上直接读出。

由于玻璃电极的内阻很高,常温时可达几百兆欧,因此,不能用普通的电位差计来测量电池的电动势,一般用数字电压表进行测量。

2.4.3.2　pHS-2 型酸度计的使用方法和注意事项

pHS-2 型酸度计的外观如图 2-39 所示。

A　pHS-2 型酸度计使用方法

a　仪器的安装

电源的电压与频率必须符合仪器标牌上所指明的数据;同时,必须接地良好,否则在测量时可能使指针不稳。电源插头的黑线表示接地线,不能与其他两根线接错。

b　电极的安装

先把电极夹子 12 夹在电极杆 13 上,然后将玻璃电极夹在电极夹子上,玻璃电极的插头插在玻璃电极插口 10 内,并将小螺丝旋紧。饱和甘汞电极夹在另一个电极夹子上,饱和甘汞电极引线连接在接线柱 9 上。使用时,应把上面的小橡皮帽和下端的橡皮套拔去。

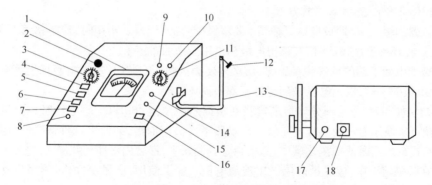

图 2-39　pHS-2 型酸度计的外观

1—指示表;2—指示灯;3—温度补偿器;4—电源按键;5—pH 按键;6— +mV 按键;
7— −mV 按键;8—零点调节器;9—饱和甘汞电极接线柱;10—玻璃电极插口;
11—pH 分挡开关;12—电极夹子;13—电极杆;14—校正调节器;
15—定位调节器;16—读数开关;17—保险丝;18—电源插座

c　校整

要测量溶液的 pH 值,先按下 pH 按键 5,但读数开关 16 应保持不按下状态。此时,左上角指示灯 2 应点亮,为保持仪表稳定,测量前应预热 30min 以上。

(1)用温度计测量被测溶液的温度。

(2)调节温度补偿器 3 至被测溶液的温度。甘汞电极引线连接在接线柱 9 上。

(3)将 pH 分挡开关 11 放在"6"的位置上,调节零点调节器 8,使指针指在 pH"1.00"的位置。

(4)将 pH 分挡开关 11 放在"校"的位置,调节校正调节器 14,使指针指在满刻度处。

(5)将 pH 分挡开关 11 放在"6"的位置,重复检查 pH"1.00"位置。

(6)重复(3)和(4)两个步骤。

d　定位

仪器附有三种标准缓冲溶液(pH 值分别为 4.008、6.865、9.180),可选用一种与被测溶液 pH 值较接近的缓冲溶液对仪器进行定位。仪器定位操作步骤如下:

(1)向烧杯内倒入标准缓冲溶液,按溶液温度查出该温度时溶液的 pH 值。根据这个数值,将分挡开关 11 放在合适的位置上。

(2)将电极插入缓冲溶液,轻轻摇动,按下读数开关 16。

(3)调节定位调节器 15,使指针指在缓冲溶液的 pH 值处(即分挡开关指示数据表盘上的指示数),并使指针达到稳定为止。

(4)开启读数开关 16,将电极上移,移去标准缓冲溶液,用蒸馏水清洗电极头部,并用滤纸将水吸干。这时,仪器已经定好位,后面测量时,不得再动定位调节器 15。

e　测量

(1)放上盛有待测溶液的烧杯,移下电极,将烧杯轻轻摇动。

(2)按下读数开关 16,调节分挡开关 11,读出溶液的 pH 值。如果指针打出左面刻度,应减少分挡开关的数值;如指针打出右面的刻度,则应增加分挡开关的数值。

(3)重复读数,待读数稳定后,放开读数开关 16,移走溶液,用蒸馏水冲洗电极,并按照下述酸度计注意事项(3)中的方法浸泡。

(4)关上电源开关,套上仪器罩。

B　pHS-2 型酸度计的注意事项

(1)仪器的输入端(即玻璃电极插口)必须保持清洁、干燥。不用时,应将接续器插入,以防灰尘落入。在环境温度较高时,应该把电极插口用干净的布擦干。

(2)玻璃电极下端的玻璃膜易破碎,切忌与硬物接触。安装时,玻璃电极球泡下端应略高于饱和甘汞电极的下端,以免电极碰到烧杯底部而损坏玻璃。

(3)初次使用时,应将部分球形玻璃膜在蒸馏水中浸泡 48h 以上。不用时也应浸泡在蒸馏水中,以便下次使用时可简化浸泡手续。玻璃膜不可沾有油污,如发生这种情况,则应先将其浸入酒精中,再放入乙醚或四氯化碳中,然后再移到酒精中,最后用水冲洗并浸入水中。

(4)在强碱溶液中,应尽量避免使用玻璃电极。如果使用,应尽快操作,测完后立即用水洗涤,并用蒸馏水浸泡,以免碱液腐蚀玻璃膜。

(5)饱和甘汞电极在使用时,应把上面的小橡皮帽和下端的橡皮套拔去,以保持液位压差。不要使电极长时间浸泡在待测液中,以免电极内的溶液受到待测液的污染。

(6)玻璃电极球泡有裂纹或老化(久放 2 年以上)时,则应该调换新电极。否则会使反应缓慢,甚至造成较大的测量误差。

(7)在按下读数开关时,如果发现指针严重甩动,应放开读数开关,检查分挡开关的位置及其他调节器是否适当。

(8)测量完毕时,必须先放开读数开关,再移去溶液。如果不放开读数开关就移去溶液,则指针甩动厉害,影响后面测定的准确性。

2.4.4　恒电位仪的工作原理及使用方法

(1)恒电位仪主要用在恒电位极化实验中。恒电位和恒电流的测量原理如图 2-40 所示。

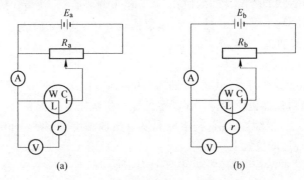

图 2-40　恒电位和恒电流的测量原理

(a)恒电位法;(b)恒电流法

E_a—低压(几伏)稳压电源;E_b—稳压电源(几十伏到 100V);R_a—低电阻(几欧姆);

R_b—高电阻(几十千欧姆到 100kΩ);A—精密电流表;V—高阻抗毫伏计;L—鲁金毛细管;

C—辅助电极;W—工作电极;r—参比电极

(2)HDV-7 型晶体管恒电位仪的面板如图 2-41 所示。

其使用方法如下:

1)仪器面板的研究接线柱和 * 接线柱分别用两根导线接电解池的研究电极,参比接线柱接电解池参比电极,辅助接线柱接电解池辅助电极。

2)外接电流表应接在辅助接线柱与电解池辅助电极之间。

3)仪器通电前,电位量程应置于" −3V ~ +3V"挡,"补偿衰减"旋钮置于"0"位置,"补偿增

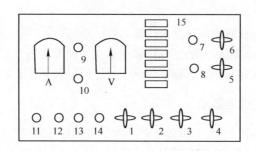

图 2-41　HDV-7 型晶体管恒电位仪的面板

1—电流量程；2—电位测量选择；3—工作选择；4—电源开关；5—补偿增益；6—补偿衰减；

7—恒电位粗调；8—恒电位细调；9—恒电流粗调；10—恒电流细调；

11—辅助；12—参比；13—＊；14—研究；15—电位量程

益"旋钮置于"1"位置。

4）工作选择置于"恒电位"的位置，电源开关置于"自然"挡，指示灯亮，预热 15min。

5）电位测量选择置于"调零"挡，旋动"调零"电位器，使电压表指"0"。电位测量选择置于"参比"挡时，电压表指示的是研究电极相对参比电极的稳定电位值（自然电位）。电位测量选择置于"给定"挡时，电压表指示的是欲选择的研究电极相对于参比电极的电位（给定电位）。

6）调节电位测量选择开关，使给定电位值等于自然电位值，电源开关置于"极化"挡，仪器即进入恒电位极化工作状态。调节恒电位粗调和恒电位细调，即可按要求进行恒电位极化实验。

7）恒电位仪可做多种实验，其他用法可阅读仪器说明书。

2.5　高压钢瓶的使用及注意事项

2.5.1　气体钢瓶的颜色标记

在物理化学实验中，经常要用到氧气、氮气、氢气、氩气等气体，这些气体一般都是贮存在专用的高压气体钢瓶中。我国气体钢瓶常用的标记如表 2-4 所示。

表 2-4　我国气体钢瓶常用的标记

气体类别	瓶身颜色	标字颜色	字样
氮　气	黑	黄	氮
氧　气	天　蓝	黑	氧
氢　气	深　蓝	红	氢
压缩空气	黑	白	压缩空气
二氧化碳	黑	黄	二氧化碳
氦　气	棕	白	氦
液　氨	黄	黑	氨
氯　气	草绿	白	氯
乙　炔	白	红	乙　炔
氟氯烷	铝　白	黑	氟氯烷
石油气体	灰	红	石油气
粗氩气体	黑	白	粗　氩
纯氩气体	灰	绿	纯　氩

2.5.2　气体钢瓶的使用

（1）在钢瓶上装上配套的减压阀。检查减压阀是否关紧，方法是逆时针旋转调压手柄，至螺杆松动为止。

（2）打开钢瓶总阀门，此时高压表显示出瓶内贮气总压力。

（3）慢慢地顺时针转动调压手柄，至低压表显示出实验所需压力为止。

（4）停止使用时，先关闭总阀门，待减压阀中余气逸尽后，再关闭减压阀。

2.5.3　使用气体钢瓶的注意事项

（1）钢瓶应存放在阴凉、干燥、远离热源的地方。可燃性气瓶应与氧气瓶分开存放。

（2）搬运钢瓶时要小心轻放，钢瓶帽要旋上。

（3）使用时，应装减压阀和压力表。可燃性气瓶（如 H_2、C_2H_2）的气门螺丝为反丝；不燃性或助燃性气瓶（如 N_2、O_2）的气门螺丝为正丝。各种压力表一般不可混用。

（4）不要让油或易燃有机物沾染气瓶（特别是气瓶出口和压力表上）。

（5）开启总阀门时，不要将头或身体正对总阀门，防止阀门或压力表冲出伤人。

（6）不可把气瓶内的气体全部用完，一定要保留 0.05MPa 以上的残留压力。可燃性气体 C_2H_2 应剩余 $0.2 \sim 0.3$MPa（约 $2 \sim 3$kg f/cm^2），H_2 应保留 2MPa，以防重新充气时发生危险。

（7）各种高压气体钢瓶必须定期送有关部门检验，一般气体钢瓶应至少每三年检查一次，装腐蚀性气体的钢瓶每两年检查一次，不合格的气瓶不可继续使用。

（8）氢气瓶应放在远离实验室的专用小屋内，用紫铜管引入实验室，并安装防止回火的装置。

2.5.4　减压阀的工作原理及使用方法

在物理化学实验中，经常要用到氧气、氮气、氢气、氩气等气体，这些气体一般都是贮存在专用的高压气体钢瓶中。使用时，先通过减压阀使气体压力降至实验所需范围，再经过其他控制阀门细调，使气体输入使用系统。最常用的减压阀为氧气减压阀，简称氧气表。

A　氧气减压阀的工作原理

氧气减压阀的外观及工作原理见图 2-42 和图 2-43。

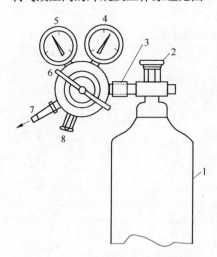
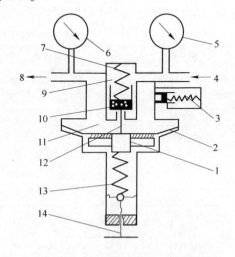

图 2-42　安装在气体钢瓶上的氧气减压阀的外观
1—钢瓶；2—钢瓶开关；3—钢瓶与减压阀连接螺母；
4—高压表；5—低压表；6—低压表压力调节螺杆；
7—出口；8—安全阀

图 2-43　氧气减压阀的工作原理
1—弹簧垫块；2—传动薄膜；3—安全阀；4—进口（接气体钢瓶）；
5—高压表；6—低压表；7—压缩弹簧；8—出口（接使用系统）；
9—高压气室；10—活门；11—低压气室；12—顶杆；
13—主弹簧；14—低压表压力调节螺杆

氧气减压阀的高压腔与钢瓶连接,低压腔为气体出口,并通往使用系统。高压表的显示值为钢瓶内贮存气体的压力。低压表的出口压力可由低压表压力调节螺杆控制。

使用时,先打开钢瓶总开关,然后顺时针转动低压表压力调节螺杆,使其压缩主弹簧并带动传动薄膜、弹簧垫块和顶杆而将活门打开。这样,进口的高压气体由高压气室经节流减压后进入低压气室,并经出口通往工作系统。转动低压表压力调节螺杆,改变活门开启的高度,从而调节高压气体的通过量并达到所需的压力值。

减压阀都装有安全阀,它是保护减压阀并使之安全使用的装置,也是减压阀出现故障的信号装置。当由于活门垫、活门损坏或其他原因,导致出口压力自行上升并超过一定许可值时,安全阀会自动打开排气。

B 氧气减压阀的使用方法

使用氧气减压阀之前,沿逆时针方向转动减压阀手柄至放松位置,此时,减压阀关闭。打开总压阀,高压表读数指示钢瓶内的压力(表压)。用肥皂水检查减压阀与钢瓶的连接处是否漏气,若不漏气,则可逆时针旋转手柄,使减压阀开启送气,直到所需压力时停止转动手柄。

(1)按使用要求的不同,氧气减压阀有许多规格。最高进口压力大多数为 150kgf/cm² (约 15MPa),最低进口压力不小于出口压力的 2.5 倍。出口压力规格较多,一般为 0 ~ 1kgf/cm² (约 0 ~ 0.1MPa),最高出口压力为 40kgf/cm² (约 4MPa)。

(2)安装减压阀时,应确定其连接规格是否与钢瓶和使用系统的接头一致。减压阀与钢瓶采用半球面连接,靠旋紧螺母使二者完全吻合。因此在使用时,应保持两个半球面的光洁,以确保良好的气密效果。安装前,可用高压气体吹除灰尘。必要时,也可用聚四氟乙烯等材料作垫圈。

(3)氧气减压阀应严禁接触油脂,以免发生火灾事故。

(4)停止工作时,应将减压阀中的余气放净,然后拧松调节螺杆,以免弹性元件长久受压而变形。

(5)减压阀应避免撞击振动,不可与腐蚀性物质相接触。

C 其他气体减压阀

有些气体,如氮气、空气、氩气等永久性气体,可以采用氧气减压阀。但还有一些气体,如氨等腐蚀性气体则需要专用减压阀。市面上常见的有氮气、空气、氢气、氨、乙炔、丙烷、水蒸气等专用减压阀。

这些减压阀的使用方法及注意事项与氧气减压阀基本相同。但是,还应该指出,专用减压阀一般不用于其他气体。为了防止误用,有些专用减压阀与钢瓶之间采用特殊连接口,例如,氢气和丙烷均采用左牙螺纹(也称反向螺纹),安装时应特别注意。

3 基本实验

3.1 实验 1 恒温槽的装配和性能测试

A 实验目的

(1)了解恒温槽的构造及恒温原理,初步掌握其装配和调试的基本技术;

(2)绘制恒温槽灵敏度曲线;

(3)掌握水银接点温度计、继电器的基本测量原理和使用方法。

B 实验原理

物质的物理化学性质,如黏度、密度、蒸气压、表面张力、折射率等都随温度的变化而改变,要测定这些性质,必须在恒温条件下进行。恒温控制可分为两类,一类是利用物质的相变点温度来获得恒温,但温度的选择受到很大限制;另外一类是利用电子调节系统进行温度控制,此方法控温范围宽,可以任意调节设定温度。

恒温槽是实验工作中常用的一种以液体为介质的恒温装置。浴槽内的介质一般选用蒸馏水。有特殊需要时,根据温度控制范围,可选用如下介质:$-60 \sim 30$℃的乙醇或乙醇水溶液,$0 \sim 90$℃的水,$80 \sim 160$℃的甘油或甘油水溶液,$70 \sim 200$℃的液体石蜡、硅油等。

恒温槽是由浴槽、温度调节器(电接点温度计)、继电器、加热器、搅拌器和温度计组成,具体装置示意图见图 3-1。继电器必须和电接点温度计、加热器配套使用。恒温槽的工作原理如图3-2所示。温度调节器(电接点温度计)是一支可以导电的特殊温度计,又称为接触温度计。它有两个电极,一个固定电极与底部的水银球相连;另一个可调电极是金属丝,由上部伸入毛细管内。其顶端有一磁铁,可以旋转螺旋丝杆,用以调节金属丝的高低位置,从而调节设定温度。当温度升高时,毛细管中水银柱上升并与一金属丝接触,两电极导通,使继电器线圈中的电流断开,加热器停止加热;当温度降低时,水银柱与金属丝断开,继电器线圈通过电流,使加热器线路接通,温度又回升。如此不断反复,使恒温槽控制在一个微小的温度区间内波动,被测体系的温度也就限制在一个相应的微小区间内,从而达到恒温的目的。

恒温槽的温度控制装置属于“通断”类型,当加热器接通后,恒温介质的温度上升,热量的传递使水银温度计中的水银柱上升。但热量的传递需要时间,因此常出现温度传递的滞后现象,往往是由于加热器附近介质的温度超过设定温度,所以恒温槽的温度超过设定温度;同理,降温时也会出现滞后现象。由此可知,恒温槽控制的温度有一个波动范围,并不是控制在某一个固定不变的温度。控温效果可以用灵敏度 Δt 表示:

$$\Delta t = \pm \ (t_1 - t_2)/2 \qquad (3-1)$$

式中,t_1 为恒温过程中水浴的最高温度,℃;t_2 为恒温过程中水浴的最低温度,℃。图 3-3 为控温灵敏度曲线,由图可以看出:曲线 a 表示恒温槽灵敏度较高;曲线 b 表示恒温槽灵敏度较差;曲线 c 表示加热器功率太大;曲线 d 表示加热器功率太小或散热太快。

影响恒温槽灵敏度的因素很多,主要有以下几种:

(1)恒温介质流动性好,传热性能好,控温灵敏度就高;

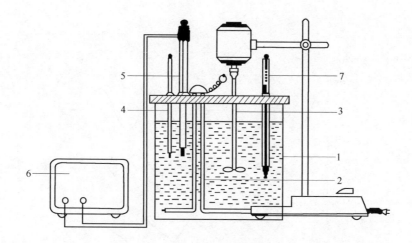

图 3-1　恒温槽的装置示意图

1—浴槽;2—加热器;3—搅拌器;4—常规温度计;5—电接点温度计;

6—继电器;7—贝克曼温度计

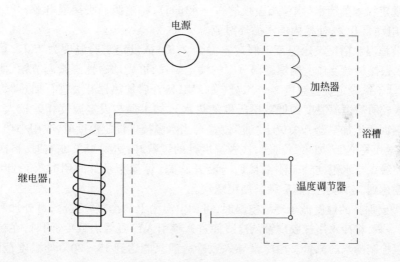

图 3-2　恒温槽工作原理示意图

(2)加热器功率要适宜,热容量要小,控温灵敏度才能高;

(3)搅拌器的搅拌速度要足够大,才能保证恒温槽内温度均匀;

(4)继电器电磁吸引电键,电键发生机械作用的时间越短,断电时线圈中的铁芯剩磁越少,控温灵敏度就越高;

(5)电接点温度计热容小,对温度的变化敏感,则灵敏度高;

(6)环境温度与设定温度的差值越小,控温效果越好。

C　仪器

玻璃浴槽,数字温度计,秒表1个,搅拌器,加热器,温差仪1台,电接点温度计,常规温度计1支,电子继电器1台。

D　实验步骤

(1)根据所给元件和仪器,按照图3-1所示的恒温槽装置图安装恒温槽,并接好线路。经教

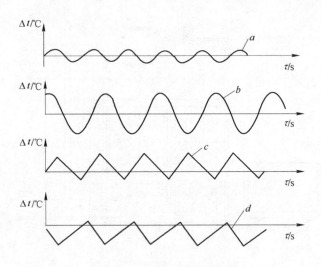

图 3-3　控温灵敏度曲线

师检查完毕后,方可接通电源。

(2)按规定加入蒸馏水(水位离盖板约 30～43mm),将电源插头接通电源,开启控制箱上的电源开关及电动泵开关,使槽内的水循环对流。

(3)调节恒温水浴至设定温度。假定室温为 20℃,欲设定实验温度为 25℃,其调节方法如下:先旋开水银接触温度计上端螺旋调节帽的锁定螺丝,再旋动磁性螺旋调节帽,使温度指示螺母位于大约低于欲设定实验温度 2～3℃处(如 23℃);开启加热器开关进行加热(为节约加热时间,最好灌入较所需恒温温度约低数摄氏度的热水),如水温与设定温度相差较大,可先用大功率加热(仪器面板上加热器开关位于"通"位置),当水温接近设定温度时,改用小功率加热(仪器面板上加热器开关位于"加热"位置);注视温度计的读数,当达到 23℃左右时,再次旋动磁性螺旋调节帽,使触点与水银柱处于刚刚接通与断开状态(恒温指示灯时明时灭);此时,要缓慢加热,直到温度达到 25℃为止,然后旋紧锁定螺丝。

(4)当需要保持的温度低于环境室温时,可用恒温槽上的冷凝管致冷,可外加和恒温槽相同的电动水泵一只,将冷水用橡胶皮管从冷凝筒进入嘴引入冷凝管内致冷;同时,在橡皮管上加管子夹一只,以控制冷水的流量。用冷水导入致冷一般只能达到 15～20℃的温度范围,并需将电加热开关关断。

(5)恒温槽加热最好选用蒸馏水,切勿使用井水、河水、泉水等硬水。如用自来水,则必须在每次使用后将恒温槽内外进行清洗,防止筒壁积聚水垢而影响恒温槽灵敏度。

(6)恒温槽灵敏度的测定。本实验用温差测量仪代替贝克曼温度计来测量温度的变化情况。注意调节加热电压,使每次的加热时间与停止加热的时间近似相等。待恒温槽在设定的温度下恒温 15min 后,每隔 0.5min(秒表计时)从温差测量仪上读数并记录,时间为 30min。

(7)实验结束时,先关掉温控仪和搅拌器的电源开关,再拔下电源插头,拆下各部件之间的接线。

E　关键操作及注意事项

(1)为使恒温槽温度恒定,将电接点温度计调至某一位置时,应拧紧调节帽上的固定螺丝。

(2)电路接线时,调压器的一个输出端与继电器的"常闭"接线柱相连;另一个输出端连接加热器后,与继电器另一个"常闭"接线柱相连。

(3)恒温槽中,恒定温度精确到温度计指示刻度的 1/10。

F 数据记录与处理

(1)将时间、温度的读数列在表3-1中。

表 3-1 实验数据表

时间/min	0.5	1.0	1.5	2.0	2.5	3.0	3.5	4.0	4.5	5.0	5.5	6.0	6.5	7.0
温度/℃														
时间/min	7.5	8.0	8.5	9.0	9.5	10.0	10.5	11.0	11.5	12.0	12.5	13.0	13.5	14.0
温度/℃														

(2)用坐标纸绘出温度-时间曲线(可使用计算机程序处理数据,如 Excel、Origin 等)。

(3)求出该套设备的控温灵敏度,并加以讨论。

G 思考题

(1)为什么在开动恒温装置前,要将接触温度计磁铁上端面所指的温度调节到低于所需温度处? 如果高了会产生什么后果?

(2)提高恒温装置的灵敏度,可从哪些方面进行改进?

(3)恒温槽的恒温原理是什么? 如果所需恒定温度低于室温,如何调整恒温装置?

(4)恒温槽内各处温度是否相等,为什么?

3.2 实验2 阿贝折射仪的使用

A 实验目的

(1)认识阿贝折射仪的构造;

(2)了解阿贝折射仪的原理;

(3)掌握阿贝折射仪的操作方法。

B 构造原理

阿贝折射仪(也称阿贝折光仪)是根据光的全反射原理而设计的仪器,它利用全反射临界角的测定方法来测定未知物质的折射率,可定量地分析溶液中的某些成分,检验物质的纯度。

众所周知,光从一种介质进入另一种介质时,在界面上将发生折射。对任何两种介质,在一定波长和一定外界条件下,光的入射角(α)和折射角(β)的正弦值之比等于两种介质折射率之比的倒数,即:

$$\frac{\sin\alpha}{\sin\beta} = \frac{n_B}{n_A}$$

式中,n_A 和 n_B 分别为 A 与 B 两种介质的折射率。如果 $n_A > n_B$,则折射角(β)必大于入射角(α),见图3-4(a)。若 $\alpha = \alpha_0$(临界角),$\beta = 90°$,则折射角达到最大,光沿界面方向前进,此时的入射角 α_0 称为临界角,见图3-4(b)。若 $\alpha > \alpha_0$,则光线不能进入介质 B,而从界面反射,见图3-4(c),此现象称为"全反射"。

以上海光学仪器厂生产的2W型阿贝折光仪为例(如图3-5所示),该仪器由望远系统和读数系统两部分组成,分别通过测量镜筒和读数镜筒进行观察,属于双镜筒折光仪。在测量系统中,主要部件是两块直角棱镜,上面一块的表面光滑,为折射棱镜(测量棱镜);下面一块的表面为磨砂面,为进光棱镜(辅助棱镜)。两块棱镜可以开启与闭合,当两块棱镜对角线平面叠合时,两镜之间有一条细缝,将待测溶液注入细缝中,便形成一个薄液体层。当光由反射镜入射而透过表面粗糙的棱镜时,光在此毛玻璃面上产生漫射,以不同的入射角进入液体层,然后到达表面光滑的棱镜,光线在液体与棱镜界面上发生折射。

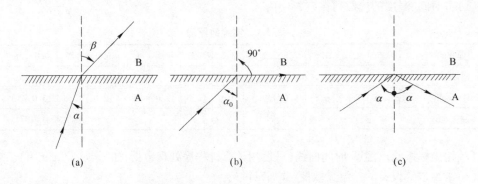

图 3-4　光在不同介质中的折射

因为棱镜的折射率比液体折射率大,因此,光的入射角(α)大于折射角(β),见图 3-6(a),所有的入射线全部能进入棱镜 E 中,光线透出棱镜时又会发生折射,其入射角为 s,折射角为 γ。根据入射角、折射角与两种介质折射率之间的关系,从图 3-6(a)中可以推导出:在棱镜的 ϕ 角及折射率固定的情况下,如果每次测量均用同样的 α,则 γ 的大小只和液体的折射率 n 有关;通过测定 γ,便可求得 n 值。α 的选择就是利用了全反射原理,将入射角 α 调至 $\alpha_0 = 90°$,此时的折射角 θ 最大,即为临界角。因此,在辅助棱镜左面不会有光,是黑暗部分;而在其右面则是明亮部分。透过棱镜的光线经过消色散棱镜和会聚透镜,最后在目镜中便呈现了一个清晰的明暗各半的图像,如图 3-6(b)所示。测量时,要将明暗界线调到目镜中十字线的交叉点上,以保证镜筒的轴与入射光线平行。读数指针是和棱镜连在一起转动的,阿贝折光仪已将 γ 换算成 n,故在标尺上读得的数据即是液体的折射率数值。

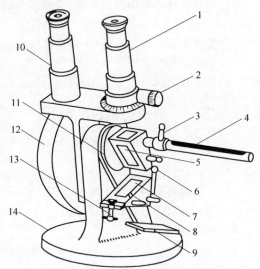

图 3-5　2W 型阿贝折光仪的构造图

1—测量镜筒;2—阿米西棱镜手轮;3—恒温器接头;
4—温度计;5—测量棱镜;6—铰链;7—辅助棱镜;
8—加样品孔;9—反射镜;10—读数镜筒;
11—转轴;12—刻度盘罩;
13—棱镜锁紧扳手;14—底座

　　另一类阿贝折光仪是将望远系统与读数系统合并在同一个镜筒内,通过同一目镜进行观察,属于单镜筒折光仪,例如,2WA-J 型阿贝折光仪(如图 3-7 所示),其工作原理与 2W 型阿贝折光仪相似。

C　仪器和药品

(1)仪器:阿贝折光仪。

(2)药品:95% 乙醇,溴代萘。

D　实验步骤

a　2W 型阿贝折光仪的操作方法

(1)准备工作。将折光仪与恒温水浴连接(不必要时,可不用恒温水),调节所需要的温度

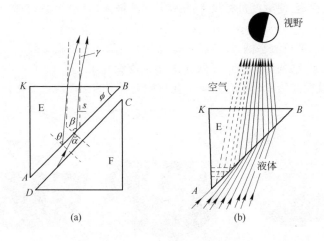

图 3-6　阿贝折光仪明暗线形成原理

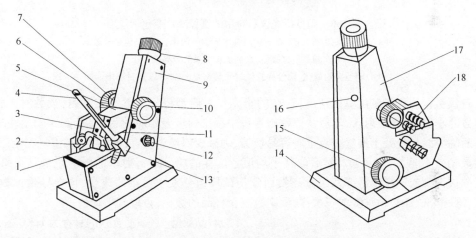

图 3-7　2WA-J 型阿贝折光仪的结构图

1—反射镜;2—转轴折射棱镜;3—遮光板;4—温度计;5—进光棱镜;6—色散调节手轮;7—色散值刻度圈;
8—目镜;9—盖板;10—棱镜锁紧手轮;11—折射棱镜座;12—照明刻度盘聚光镜;13—温度计座;
14—底座;15—折射率刻度调节手轮;16—物镜调节螺丝孔;17—壳体;18—恒温器接头

(一般恒温在(20.0±0.2)℃);同时,检查保温套的温度计是否准确。打开直角棱镜,用丝绢或擦镜纸沾少量95%乙醇或丙酮轻轻擦洗上、下镜面,注意只可单向擦而不可来回擦,待晾干后方可使用。

(2)仪器校准。使用前,应用重蒸馏水或已知折射率的标准折光玻璃块来校正标尺刻度。如果使用标准折光玻璃块来校正,先拉开下面棱镜,用一滴溴代萘把标准玻璃块贴在折射棱镜下,旋转棱镜转动手轮(在刻度盘罩一侧),使读数镜内的刻度值等于标准玻璃块上标注的折射率;然后用附件方孔调节扳手转动示值调节螺钉(该螺钉处于测量镜筒中部),使明暗界线和目镜中十字线交点相重合。如果使用重蒸馏水作为标准样品,只需把水滴在下面棱镜的毛玻璃面上并合上两棱镜,旋转棱镜转动手轮,使读数镜内的刻度值等于水的折射率,然后同上述方法操作,使明暗界线和目镜中十字线交点相重合。具体操作为:

1)对光。转动手柄,使刻度盘标尺上的示值为最小。调节反射镜,使入射光进入棱镜组;同时,从测量望远镜中观察,使视场最亮。调节目镜,使视场准丝最清晰。

2)粗调。转动手柄,使刻度盘标尺上的示值逐渐增大,直至观察到视场中出现彩色光带或黑白临界线为止。

3)消色散。转动消色散手柄,使视场内呈现一个清晰的明暗临界线。

4)精调。转动手柄,使临界线正好处在 X 形准丝交点上。若此时又呈微色散,必须重调消色散手柄,使临界线明暗清晰(调节过程中,在目镜上看到的图像颜色变化如图 3-8 所示)。

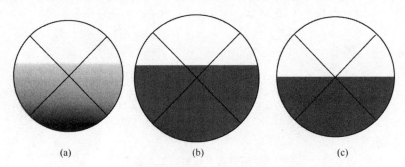

图 3-8　阿贝折光仪目镜中的图像颜色变化示意图
(a)未调节右边旋钮前,在右边目镜中看到的图像,此时颜色是分散的;
(b)调节右边旋钮,直到出现明显的分界线为止;
(c)调节左边旋钮,使分界线经过交叉点为止,并在左边目镜中读数

5)读数。为保护刻度盘的清洁,现在的折光仪一般都将刻度盘装在罩内,读数时先打开罩壳上方的小窗,使光线射入,然后从读数望远镜中读出标尺上相应的示值(见图 3-9)。由于眼睛在判断临界线是否处于准丝交点上时容易疲劳,为减少偶然误差,应转动手柄,重复测定三次,三个读数相差不能大于 0.0002,然后取其平均值。试样的成分对折射率的影响是极其灵敏的,由于试样被污染或试样中易挥发组分蒸发而致使试样组分发生微小的改变,均会导致读数不准。因此,测一个试样必须重复取三次样,测定这三个样品的数据,再取其平均值。

实验测得折射率为:
1.356+0.001×1/5=1.3562

图 3-9　折射率读数示意图

(3)样品测量。阿贝折光仪的量程为 1.3000～1.7000,精确度为 ±0.0001。测量时,用洁净的长滴管将 2～3 滴待测样品液体均匀地置于下面棱镜的毛玻璃面上,此时应注意,切勿使滴管尖端直接接触镜面,以免造成划痕。关紧棱镜,调节反射镜,使光线射入样品,然后轻轻转动棱镜手轮,并在望远镜筒中找到明暗分界线。若出现彩带,则调节阿米西棱镜手轮,消除色散,使明暗界线清晰;再调节棱镜调节手轮,使分界线对准十字线交点。记录读数及温度,再重复测定 1～2 次。如果是挥发性很强的样品,可把样品液体由棱镜之间的小槽滴入,快速进行测定。

测定完后,立即用 95% 乙醇或丙酮擦洗上、下棱镜,晾干后再关闭。

b　2WA-J 型阿贝折光仪的操作方法

(1)准备工作。可参照 2W 型阿贝折光仪的操作方法。

(2)仪器校准。对折射棱镜的抛光面加 1～2 滴溴代萘,把标准玻璃块贴在折射棱镜抛光面上,当读数视场指示值等于标准玻璃块上标注的折射率时,观察望远镜内明暗分界线是否在十字线中间,若有偏差,则用螺丝刀微量旋转物镜调节螺丝孔(见图3-7中的16)中的螺丝,使分界线和十字线交点相重合。

(3)样品测量。将被测液体用干净的滴管滴加在折射棱镜表面,并将进光棱镜盖上,用棱镜锁紧手轮(见图3-7中的10)锁紧,要求液层均匀,无气泡。打开遮光板,合上反射镜,调节目镜视场,使十字线成像清晰。此时,旋转折射率刻度调节手轮,并在目镜视场中找到明暗分界线的位置。若出现彩带,则旋转色散调节手轮,使明暗界线清晰;然后调节折射率刻度调节手轮,使分界线对准十字线交点;再适当转动刻度盘聚光镜,此时目镜视场下方显示的示值即为被测液体的折射率。

E 关键操作及注意事项

(1)折射棱镜必须注意保护,不能在镜面上造成划痕,不能测定强酸、强碱及有腐蚀性的液体,也不能测定对棱镜、保温套之间的黏合剂有溶解性的液体。

(2)每次使用前应洗净镜面;使用完毕后,也应用丙酮或95%乙醇洗净镜面,待晾干后再关上棱镜。

(3)仪器在使用或贮藏时均不得曝于日光中,不用时应放入木箱内,木箱置于干燥地方。放入前,应注意将金属夹套内的水倒干净,管口要封起来。

(4)测量时,应注意恒温温度是否正确。如欲测准至±0.0001,则温度变化应控制在±0.1℃的范围内。若测量精度要求不高,则可放宽温度范围或不使用恒温水。

(5)阿贝折光仪不能在较高温度下使用,对于易挥发或易吸水样品的测量比较困难,对样品的纯度要求较高。

F 思考题

(1)阿贝折射仪的原理是什么?

(2)阿贝折射仪能否在高温下使用?

(3)阿贝折射仪能否测定强酸、强碱及有腐蚀性的液体?

3.3 实验3 硝酸钾溶解热的测定

A 实验目的

(1)了解热效应测定的基本原理;

(2)学会使用电热补偿法测定 KNO_3 在水中的积分溶解热;

(3)学会用作图法求 KNO_3 在水中的微分溶解热;

(4)掌握溶解热测定仪的使用和温度控制方法。

B 实验原理

盐类的溶解往往同时进行着两个过程:一是晶格破坏过程,为吸热过程;二是离子的溶剂化过程,为放热过程。溶解热是这两种热效应的总和。最终是吸热还是放热,则由这两种热效应的相对大小来决定。溶解热是物质溶解于溶剂过程的热效应,有积分溶解热和微分溶解热两种。积分溶解热是指定温定压下,把 1mol 物质溶解在一定量的溶剂中时所产生的热效应,以 Q_s 表示。微分溶解热是指在定温定压下,把 1mol 物质溶解在无限量某一定浓度的溶液中所产生的热效应,以 $\left[\dfrac{\partial Q_s}{\partial n_0}\right]_{T,P,n_1}$ (n_0 为溶质(硝酸钾)的物质的量,mol;n_1 为溶剂(水)的物质的量,mol;T 为实验温度,K;p 为外界压强,Pa)表示。

本实验是测硝酸钾溶解在水中的溶解热。硝酸钾在水中溶解是一个溶解过程中温度随反应进行而降低的吸热反应,采用电热补偿法测定。先测定体系的起始温度 T,当反应进行后温度不断降低时,由电加热法使体系复原至起始温度,根据所耗电能求出其热效应 Q_s。

$$Q_s = I^2Rt = IUt \tag{3-2}$$

式中,I 为通过电阻为 R 的电阻丝加热器的电流,A;U 为电阻丝两端所加的电压,V;t 为通电时间,s。

本实验是采用微机测定溶解热,实验系统连接图见图 3-10。绝热式测温量热器是一个包括杜瓦瓶、搅拌器、电加热器和温度传感器等部件的量热系统,其结构见图 3-11。

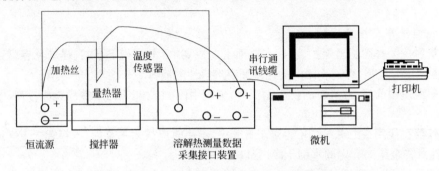

图 3-10　微机测定溶解热的实验系统连接图(NDRH-IS 型)

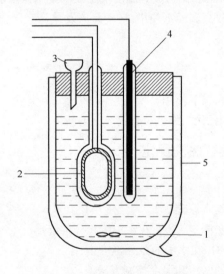

图 3-11　绝热式测温量热器的结构

1—搅拌磁子;2—加热电阻丝;3—加样漏斗;4—温度传感器;5—杜瓦瓶

C　仪器和药品

(1)仪器:量热器(包括杜瓦瓶)1 个,反应热测量数据采集接口装置 1 台,数字式直流稳流电源 1 台,电子搅拌装置,加热器 1 套,称量瓶 8 只(20mm ×40mm),电子分析天平(或分析天平)1台,烘干箱 1 台,干燥器 1 只,研钵 1 个。

(2)药品:硝酸钾(分析纯,研细,在 110℃烘干并保存于干燥器中),蒸馏水。

D　实验步骤

(1)将 26g 硝酸钾(已经进行研磨和烘干处理)放入干燥器中。

（2）用天平准确称量 8 份 KNO_3 样品，其质量分别为 2.5g、1.5g、2.5g、2.5g、3.5g、4.0g、4.0g 和 4.5g，再用分析天平称出准确数据；称量后，将称量瓶放入干燥器中待用。

（3）在台秤上称取 216.2g 蒸馏水并装于杜瓦瓶内，按实验系统连接图（见图 3-10）接好线路。

（4）打开反应热测量数据采集接口装置的电源，将温度传感器擦干并置于空气中，预热 3min，但不要打开恒流源及搅拌器电源，将称量好的蒸馏水放入杜瓦瓶中。

（5）打开微机电源，运行"SV∗.EXE"，进入系统初始界面；选择确定键，进入主界面；按下开始实验按钮，根据提示开始测量当前室温。这时，可打开恒流源及搅拌器电源开关。

（6）室温显示稳定后，将加热电阻丝和温度传感器放入杜瓦瓶的蒸馏水中，调节恒流源，使加热器功率在 2.25～2.3W 之间。调节好后，按下回车键，测量水温（应注意，温度传感器的探头不要与搅拌磁子和加热电阻丝相接触）。这时，不要再调动功率，也不要再动计算机键盘的任何键。

（7）当采样到水温高于室温 0.5℃ 时，由系统提示，立即从加样漏斗处加入第一份样品，并将残留在漏斗上的少量 KNO_3 全部掸入杜瓦瓶中；同时，系统会实时记下此时的水温和时间。

（8）加入的 KNO_3 样品溶解后，溶液温度会很快下降，但由于加热器在工作，水温又会上升。当系统探测到水温上升至起始温度时，根据系统提示，加入第二份 KNO_3 样品；同时，系统记录时间，统计出每份 KNO_3 样品溶解的电热补偿通电时间。

（9）重复上一步骤，直至第八份 KNO_3 样品加完。

（10）根据系统提示，关闭加热器和搅拌器（系统已将本次实验的加热功率和 8 份样品的通电累计时间值，自动保存在"c:\svfwin\dat"目录下的文件中）。

E 关键操作及注意事项

（1）将仪器放置在无强电磁场干扰的区域内。

（2）不要将仪器放置在通风的环境中，尽量保持仪器附近的气流稳定。

（3）应确保样品充分溶解。因此，在实验前应加以研磨；实验时需有适当的搅拌速度，加入样品时的速度要加以注意，防止样品进入杜瓦瓶过速，致使磁子不能正常搅拌，但样品如加得太慢也会引起实验故障。搅拌速度不适宜时，还会因水的传热性差而导致溶解热值偏低，甚至会使 Q_s-x_0（x_0 为溶液的浓度）图变形。

（4）实验过程中，加热时间与样品的量是累计的，切不可在中途停止实验。

（5）实验结束后，杜瓦瓶中不应存有硝酸钾的固体，否则需重做实验。

（6）量热器的绝热性能与盖上各孔隙的密封程度有关，实验过程中要注意盖好盖，以减少热损失。

F 数据记录与处理

（1）根据溶剂的质量和加入溶质的质量计算溶液的浓度，以 x_0 表示如下：

$$x_0 = \frac{n_{H_2O}}{n_{KNO_3}} = \frac{216.2}{18.02} \div \frac{\sum m_i}{101.1} = \frac{1200.98}{\sum m_i}$$

式中　n_{H_2O}——水的物质的量，mol；

18.02——水的摩尔质量，g/mol；

x_0——溶剂与溶质的物质的量之比；

101.1——硝酸钾的摩尔质量，g/mol；

n_{KNO_3}——硝酸钾的物质的量，mol；

$\sum m_i$——累积的硝酸钾的质量,g。

(2)根据公式 $Q = IUt$,计算各次溶解过程的热效应。

(3)根据每次累积的浓度和累积的热量,求各浓度下溶液的 x_0 和 Q_s。

(4)用以上数据列表(见表3-2)作 Q_s-x_0 图,并从图中求出 $x_0 = 80、100、200、300$ 和 400 处的积分溶解热和微分溶解热(积分溶解热为指定 x_0 处曲线上对应的 Q_s;微分溶解热为指定 x_0 处曲线切线在 Q_s 轴上的截距)。

表 3-2   测定硝酸钾溶解热的实验数据表

$I =$ _____ A, $U =$ _____ V, $IU =$ _____ W

i	m_i/g	$\sum m_i/g$	t/s	Q/J	$Q_s/J \cdot mol^{-1}$	x_0
1						
2						
3						
4						
5						
6						
7						
8						

G   思考题

(1)如果反应是放热的,应如何进行实验?

(2)可否用测定溶解热的方法来测定液体的比热容、水化热、生成热及有机物的混合热等热效应?

(3)温度和浓度对溶解热有何影响? 如何从实验温度下的溶解热计算其他温度下的溶解热?

3.4   实验4   燃烧热的测定

A   实验目的

(1)通过测定萘的燃烧热,掌握有关热化学实验的技术;

(2)掌握氧弹式量热计的原理、构造及其使用方法;

(3)掌握高压钢瓶的有关知识(见2.3节高压钢瓶的使用及注意事项)并能正确使用。

B   实验原理

燃烧焓的定义为:在指定的温度和压力下,1mol 物质完全燃烧生成指定产物的焓变,称为该物质在此温度下的摩尔燃烧焓,记作 $\Delta_c H_m$。

本实验是在等容的条件下测定的。摩尔燃烧焓与摩尔热力学能变化量的关系为:

$$\Delta_c H_m = \Delta_c U_m + RT\Delta n \tag{3-3}$$

Δn 是燃烧反应方程式中气体产物与气体反应物的物质的量之差。燃烧热可在恒容或恒压条件下测定,由热力学第一定律可知,系统在不做非膨胀功时,$\Delta_c U_m = Q_V$,$\Delta_c H_m = Q_p$,其中,Q_V 为等容热效应,Q_p 为等压热效应。在氧弹式量热计中,测定的燃烧热是 Q_V,则:

$$Q_p = Q_V + RT\Delta n \tag{3-4}$$

在盛有水的容器中放入装有 $m\,g$ 样品和氧气的密闭氧弹,使样品完全燃烧,放出的热量引起体系温度的上升。根据能量守恒原理,用温度计测量温度的改变量,由式(3-5)求得 Q_V。

$$Q_V = \frac{M}{m}c(T_{终} - T_{始}) \tag{3-5}$$

式中,m 为样品的质量,g;M 为样品的摩尔质量,g/mol;c 为样品燃烧放热使水和仪器每升高 1K 所需要的热量,称为水当量,J/K。水当量的求法是:用已知燃烧热的物质(本实验用苯甲酸)放在量热计中,测定 $T_{始}$ 和 $T_{终}$,按式(3-5)即可求出 c,然后可测得萘的燃烧焓。

本实验采用环境恒温氧弹式量热计进行测定,其结构如图 3-12 所示。由图可知,这种装置的外筒与内筒温度在实验过程中不能保持一致,实验体系与环境之间可以发生热交换。因此,需由温度-时间曲线(雷诺曲线)确定初始温度和终态温度,进而求出燃烧前后体系温度的变化量 ΔT。如图 3-13 和图 3-14 所示,由雷诺曲线求 ΔT 方法的详细步骤如下:

将样品燃烧前后历次观察的水温对时间作图,连成折线 $FHDG$(见图 3-13)。图中,H 相当于开始燃烧点,D 为观察到的最高温度读数点,作相当于室温(或折线 HD 的 1/2 处)的水平线 JI 交折线 HD 于 I,过 I 点作垂线 ab,然后将 FH 线和 GD 线外延并交 ab 线于 A、C 两点,A 点与 C 点所表示的温度差即为欲求温度的升高值 ΔT。图中线段 AA' 为开始燃烧到温度上升至室温这一段时间 Δt_1 内,由于环境辐射进来和搅拌引进的能量而造成体系温度的升高,必须扣除;线段 CC' 为温度由室温升高到最高点 D 这一段时间 Δt_2 内,体系向环境辐射出能量而造成体系温度的降低,因此需要添加上。由此可见,A、C 两点的温差较客观地表示了样品燃烧致使量热计温度升高的数值。

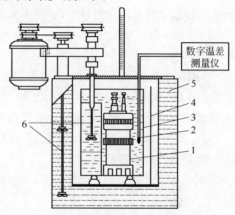

图 3-12 环境恒温氧弹式量热计装置的结构
1—氧弹弹头;2—数字温度计;3—内筒;
4—空气夹层;5—外筒;6—搅拌装置

有时量热计的绝热情况良好,热量散失较少,而搅拌器功率大,不断引进微小能量而使得燃烧后的最高点不出现(见图 3-14)。这种情况下,ΔT 仍然可以按照同样的方法校正。

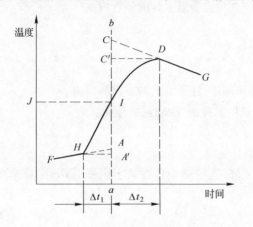

图 3-13 绝热较差时的雷诺校正图

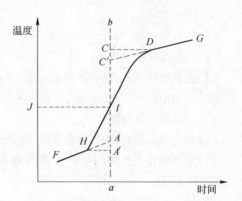

图 3-14 绝热良好时的雷诺校正图

C　仪器和药品

(1)仪器:氧弹式量热计1套,氧气钢瓶(带氧气表),台秤1只,电子天平1台(0.0001g),贝克曼温度计1支。

(2)药品:苯甲酸(分析纯),萘(分析纯),燃烧丝,棉线。

D　实验步骤

(1)水当量的测定。具体步骤如下:

1)仪器预热。将量热计及其全部附件清理干净,将有关仪器通电预热。

2)样品压片。在台秤上粗称0.9~1.0g苯甲酸,在压片机中压成片状;取约10cm长的燃烧丝和棉线各一根,分别在电子天平上准确称重;用棉线把燃烧丝绑在苯甲酸片上,准确称重。

3)氧弹充氧。将氧弹的弹头放在弹头架上,把燃烧丝的两端分别紧绕在氧弹弹头上的两根电极上;在氧弹中加入10mL蒸馏水(实验中此步骤可以省略),把弹头放入弹杯中,拧紧。开始充氧时,先充约0.5MPa氧气,然后开启出口,借以赶出氧弹中的空气;再充入1MPa氧气,充气约1min。此后,氧弹放入量热计中,接好点火线。

4)调节水温。准备一桶自来水,调节水温约低于外筒水温1℃(也可以不调节水温,直接使用)。用容量瓶取3000mL已调温的水注入内筒,水面盖过氧弹,装好搅拌头。

5)测定水当量。打开搅拌器,待温度稍微稳定后开始记录温度,每隔1min记录一次,共记录10次。开启"点火"按钮,每隔15s记录一次,约记录6~8次。当温度明显升高时,说明点火成功,继续每30s记录一次;到温度升至最高点后,再记录10次,停止实验。

停止搅拌,取出氧弹,放出余气,打开氧弹盖。若氧弹中无灰烬,表示燃烧完全,将剩余燃烧丝称重,待处理数据时使用。

(2)测量萘的燃烧热。称取0.8~0.9g萘,重复上述步骤进行测定。

E　关键操作及注意事项

a　关键操作

(1)保证试样完全燃烧是实验的关键。

(2)氧弹点火要迅速、果断。

(3)测定前应在氧弹内滴几滴蒸馏水,既能使氧弹内为水汽所饱和,又能使室温下反应物之一的水蒸气凝结为液体水。

(4)必须注意,燃烧前后体系温度的改变量应在贝克曼温度计的量程内。

b　注意事项

(1)仪器先预热,打开开关,实验过程中不允许关闭。

(2)注意压片机要专用。

(3)充氧时注意氧气钢瓶和减压阀的正确使用顺序,注意开关的方向和压力。

(4)内筒中加3000mL水后,若有气泡逸出,说明氧弹漏气,应设法排除。

(5)搅拌时不得有摩擦声。

(6)测定样品萘时,内筒水要更换且需调温。

(7)氧气瓶在开总阀前要检查减压阀是否关好;实验结束后要关上钢瓶总阀,注意排净余气,使指针回零。

(8)第二次实验前注意擦内筒。

F 数据记录与处理

a 实验数据记录

将苯甲酸实验数据填在表3-3中。

表3-3 苯甲酸实验数据表

苯甲酸							
反应前期(1 次/min)		反应中期(1 次/15s)		反应后期(1 次/30s)			
时间	温度	时间	温度	时间	温度	时间	温度

原始数据记录如下:

(1)燃烧丝重____g,棉线重____g,苯甲酸样品重____g,
剩余燃烧丝重____g,水温____℃。

(2)燃烧丝重____g,棉线重____g,萘样品重____g,
剩余燃烧丝重____g,水温____℃。

b 实验数据处理

(1)由表3-3中的实验数据,作雷诺校正曲线,分别求出苯甲酸、萘燃烧前后的ΔT。

$\Delta T_{苯甲酸} = $ _____ K,$\Delta T_{萘} = $ _____ K。

(2)由苯甲酸数据求出水当量c。

已知:$Q_{丝} = -1400.8 J/g$,$Q_{线} = -17479 J/g$。

$$c = \frac{-\Delta_c U_{m,苯甲酸}\dfrac{m_{苯甲酸}}{M_{苯甲酸}} - Q_{丝} m_{丝} - Q_{线} m_{线}}{\Delta T_{苯甲酸}}$$

查表知:25℃时,$Q_{p,苯甲酸} = -3228.0 kJ/mol$。

根据基尔霍夫定律,可得各物质的比定压热容为:

$$c_{p,H_2O(l)} = 75.295 J/(mol \cdot K);c_{p,苯甲酸} = 145.2 J/(mol \cdot K);$$

$$c_{p,O_2(g)} = 29.359 J/(mol \cdot K);c_{p,CO_2(g)} = 37.129 J/(mol \cdot K);$$

$$c_{p,萘} = 165.3 J/(mol \cdot K)$$

则有:$\Delta c_{p,苯甲酸} = 7 \times 37.129 + 3 \times 75.295 - 145.2 - 15/2 \times 29.359 = 120.3955 J/(mol \cdot K)$

$\Delta c_{p,萘} = 10 \times 37.129 + 4 \times 75.295 - 165.3 - 12 \times 29.359 = 154.9 J/(mol \cdot K)$

又因为:$\Delta H_T = \Delta H_{298.15} + \displaystyle\int_{298}^{T} \Delta c_p dT$

则由式(3-4)得:$\Delta_c U_{m,苯甲酸} = Q_{V,苯甲酸} = Q_{p,苯甲酸} - RT\Delta n = \Delta H_T - RT\Delta n$

再由 $c\Delta T_{\text{苯甲酸}} = -\Delta_c U_{\text{m,苯甲酸}} - Q_{\text{丝}} m_{\text{丝}} - Q_{\text{线}} m_{\text{线}} = Q_{V,\text{苯甲酸}} - Q_{\text{丝}} m_{\text{丝}} - Q_{\text{线}} m_{\text{线}}$

可计算求出：水当量 $c = $＿＿＿＿＿＿＿ J/K。

(3)求出萘的燃烧热 $Q_{V,\text{萘}}$（$-\Delta_c U_{\text{m,萘}}$），换算成 $Q_{p,\text{萘}}$。

由公式 $c\Delta T_{\text{萘}} = -\Delta_c U_{\text{m,萘}} - Q_{\text{丝}} m_{\text{丝}} - Q_{\text{线}} m_{\text{线}}$，求得 $Q_{V,\text{萘}}$（$\Delta_c U_{\text{m,萘}}$）

再由公式 $Q_p = Q_V + RT\Delta n$，换算成 $Q_{p,\text{萘}}$。

G　思考题

(1)本实验中，哪些为体系，哪些为环境？实验过程中有无热损耗，如何降低热损耗？

(2)在环境恒温式量热计中，为什么内筒水温要比外筒水温低，低多少合适？

(3)说明恒容热和恒压热的关系。

(4)实验中哪些因素容易造成误差，最大误差是哪种？提高本实验的准确度应该从哪些方面考虑？

3.5　实验5　氨基甲酸铵分解平衡常数的测定

A　实验目的

(1)了解测定固体氨基甲酸铵分解反应平衡常数的原理；

(2)掌握用分解压计算反应的标准平衡常数 $K^{\ominus}$ 和有关热力学函数 $\Delta_r G_m^{\ominus}$、$\Delta_r H_m^{\ominus}$ 及 $\Delta_r S_m^{\ominus}$ 的方法；

(3)学会恒温槽、低真空测压仪及真空泵的使用方法。

B　实验原理

固体氨基甲酸铵的分解可用下式表示：

$$NH_2COONH_4(s) \rightleftharpoons 2NH_3(g) + CO_2(g)$$

设反应中气体为理想气体，则其标准平衡常数 $K^{\ominus}$ 可表达为：

$$K^{\ominus} = \left(\frac{p_{NH_3}}{p^{\ominus}}\right)^2 \left(\frac{p_{CO_2}}{p^{\ominus}}\right) \tag{3-6}$$

式中，p_{NH_3} 和 p_{CO_2} 分别表示反应温度下 NH_3 和 CO_2 的平衡分压，kPa；$p^{\ominus}$ 为标准压力，为 100kPa。设平衡总压为 p，则：

$$p_{NH_3} = \frac{2}{3}p \text{ , } p_{CO_2} = \frac{1}{3}p$$

代入式(3-6)，得到：

$$K^{\ominus} = \frac{4}{27}\left(\frac{p}{p^{\ominus}}\right)^3 \tag{3-7}$$

因此，测得一定温度下的平衡总压后，即可按式(3-7)算出此温度下的反应平衡常数 $K^{\ominus}$。氨基甲酸铵分解是一个热效应很大的吸热反应，温度对平衡常数的影响比较灵敏。但当温度变化范围不大时，按平衡常数与温度的关系式可得：

$$\ln K^{\ominus} = \frac{-\Delta_r H_m^{\ominus}}{RT} + C \tag{3-8}$$

式中，$\Delta_r H_m^{\ominus}$ 为该反应的标准摩尔反应热，kJ/mol；R 为摩尔气体常数；C 为积分常数。根据式(3-8)，只要测出几个不同温度下的 $K^{\ominus}$，以 $\ln K^{\ominus}$ 对 $1/T$ 作图，由所得直线的斜率即可求得实验温度范围内的 $\Delta_r H_m^{\ominus}$。

当求出某一温度下的 $K^{\ominus}$，利用如下热力学关系式，还可以计算反应的标准摩尔吉布斯自由

能 $\Delta_r G_m^\ominus$, kJ/mol:

$$\Delta_r G_m^\ominus = -RT\ln K^\ominus \tag{3-9}$$

再由

$$\Delta_r S_m^\ominus = \frac{\Delta_r H_m^\ominus - \Delta_r G_m^\ominus}{T} \tag{3-10}$$

可求出反应的标准摩尔熵变 $\Delta_r S_m^\ominus$, J/(K·mol)。

C 仪器和药品

(1)仪器:实验装置 1 套(见图 3-15),真空泵 1 台,低真空测压仪 1 台。

(2)药品:氨基甲酸铵(固体粉末),硅油。

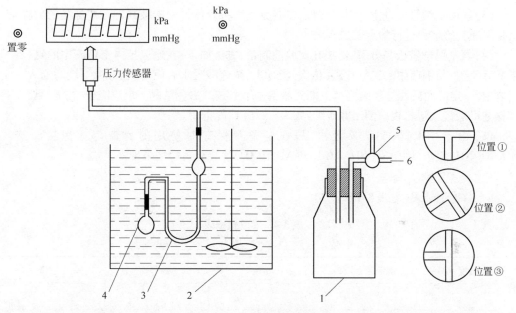

图 3-15 实验装置图

1—缓冲瓶;2—恒温槽;3—玻璃等压计;4—装样品的玻璃球;5—三通活塞;6—接真空泵

D 实验步骤

(1)检漏。按图 3-15 所示安装仪器。将烘干的玻璃球 4 和玻璃等压计 3 相连,将三通活塞 5 放在位置①,开动真空泵,当测压仪读数约为 53kPa 时,使三通活塞 5 处于位置②。过几分钟后,若测压仪读数没有变化,则表示系统不漏气;否则说明漏气,应仔细检查各接口处,直到不漏气为止。

(2)装样品。确保系统不漏气后,使系统与大气相通(三通活塞 5 处于位置③),然后取下玻璃球并装入氨基甲酸铵,再用吸管吸取纯净的硅油,放入已干燥好的玻璃等压计中,使之形成液封,再按图 3-15 所示安装好实验仪器。

(3)测量。

1)调节恒温槽温度为(25.0±0.1)℃,将三通活塞 5 放在位置①,开启真空泵约 15min,将系统中的空气抽净。

2)关闭三通活塞 5(使其处在位置②),停泵。

3)缓缓开启三通活塞 5(向位置③旋转),将空气分次慢慢放入系统,直至等压计两边液面处于水平时,立即关闭三通活塞 5,若 5min 内两液面保持不变,读取测压仪的读数和恒温槽的温度。

(4)重复测量。为了使测定结果准确,重复步骤(3)操作,若三次测定结果的差值小于270Pa,即可开始读数。

(5)升温测量。分别调节恒温槽的温度为27.0℃、30.0℃、32.0℃、35.0℃、37.0℃,在不同温度下,小心调节三通活塞5,缓缓放入空气,使等压计两边的液面水平并保持5min不变,读取测压仪读数和恒温槽温度。

(6)复原。实验完毕,将空气放入系统中至测压仪读数为零,切断电源。

E　关键操作及注意事项

(1)测定前,确保系统不漏气并抽净系统内的空气。

(2)恒温槽波动要小,操作中要用恒温槽严格控制温度波动在 ±0.1℃内。读取温度计读数要准确到0.05℃。

(3)经由毛细管放进空气时要缓慢,以避免空气将等压计中的液封冲入装样品的玻璃球中,这是保证实验顺利进行的重要操作之一。

(4)氨基甲酸铵极易分解,需要在实验前制备,方法如下:在通风柜内将钢瓶中的氨(经 CaO 干燥后使用)与钢瓶中的二氧化碳(依次经 $CaCl_2$、浓硫酸脱水后使用)在常温下同时通入一个塑料袋中,一定时间后在塑料袋内壁上即附着氨基甲酸铵的白色结晶。反应完毕,在通风橱里将固体氨基甲酸铵从塑料袋中倒出并研细,放入密封容器内备用。

(5)由于 NH_2COONH_4 易吸水,故在制备及保存时使用的容器都应保持干燥。若 NH_2COONH_4 吸水,则生成$(NH_4)_2CO_3$ 和 NH_4HCO_3,就会给实验结果带来误差。

F　数据记录与处理

a　数据记录表(见表3-4)

表3-4　实验数据表
室温_____℃,大气压力_____kPa

测定温度$t/℃$	测定压力 p/Pa	$K^{\ominus}$	$\ln K^{\ominus}$	$\dfrac{1}{T}/K^{-1}$

b　数据处理

(1)以 $\ln K^{\ominus}$对 $1/T$ 作图,由斜率 $-\dfrac{\Delta_r H_m^{\ominus}}{R}$求得反应的 $\Delta_r H_m^{\ominus}$。

(2)由 $\Delta_r G_m^{\ominus} = -RT\ln K^{\ominus}$,计算反应的 $\Delta_r G_m^{\ominus}$。

(3)由 $\Delta_r S_m^{\ominus} = \dfrac{\Delta_r H_m^{\ominus} - \Delta_r G_m^{\ominus}}{T}$,可以求出反应的 $\Delta_r S_m^{\ominus}$。

文献参考值如下:

(1)不同温度下,氨基甲酸铵的分解压参考值见表3-5。

表3-5 文献参考值

温度/℃	25.0	30.0
分解压/kPa	11.7	17.0

(2)正常实验温度范围内的反应焓的参考值为：$\Delta_r H_m^{\ominus} = 160 kJ/mol$。

G 思考题

(1)在一定温度下,氨基甲酸铵的用量多少对分解压力有何影响?

(2)为何氨基甲酸铵在制备及保存时都要使用干燥的容器?

(3)本实验为什么要用零压计,零压计中的液体为什么选用硅油?

3.6 实验6 碘和碘离子反应平衡常数的测定

A 实验目的

(1)测定碘在四氯化碳和水中的分配系数;

(2)测定碘和碘离子反应的平衡常数。

B 实验原理

在恒温恒压下,碘和碘离子在水溶液中建立如下平衡:

$$I^- + I_2 \rightleftharpoons I_3^-$$

其平衡常数 $K^{\ominus}$ 为:

$$K^{\ominus} = \frac{a_{I_3^-}}{a_{I^-} \cdot a_{I_2}} = \frac{\gamma_{I_3^-}}{\gamma_{I^-} \cdot \gamma_{I_2}} \cdot \frac{c_{I_3^-}}{c_{I^-} \cdot c_{I_2}} \tag{3-11}$$

若溶液较稀,则:

$$\frac{\gamma_{I_3^-}}{\gamma_{I^-} \cdot \gamma_{I_2}} = 1 \tag{3-12}$$

故:

$$K^{\ominus} \approx \frac{c_{I_3^-}/c^{\ominus}}{(c_{I^-}/c^{\ominus}) \cdot (c_{I_2}/c^{\ominus})} = K_c^{\ominus} \tag{3-13}$$

式中 $c^{\ominus}$——标准浓度,1mol/L;

　　$K^{\ominus}$——活度平衡常数;

　　$K_c^{\ominus}$——标准平衡常数。

测定平衡常数时,必须测出平衡时各物质的浓度。

通常在化学分析中用碘量法测定水溶液中的 I_2,但在本实验反应系统中,当用标准 $Na_2S_2O_3$ 溶液滴定 I_2 时,反应平衡向左移动,直至 I_3^- 离解完毕,这样测出的 I_2 量实际上是溶液中 I_2 和 I_3^- 的总量。怎样才能测定水溶液中的 I_2 量,这是本实验设计的关键。

由于在一定温度、压力下,碘在水和 CCl_4 两种溶剂中的平衡浓度比是一个常数,遵守能斯脱(Nernst)分配定律,即:

$$K_d = \frac{c_{I_2}^{H_2O}}{c_{I_2}^{CCl_4}} \tag{3-14}$$

式中,K_d 称为分配系数;$c_{I_2}^{CCl_4}$ 为 I_2 在四氯化碳中的浓度;$c_{I_2}^{H_2O}$ 为 I_2 在水中的浓度。

若知 K_d、$c_{I_2}^{CCl_4}$,则 $c_{I_2}^{H_2O}$ 可求。因此,本实验把 I_2 的水溶液和 I_2 的四氯化碳溶液混合,平衡时分析两液相中 I_2 的浓度,即可求出该 T、p 下的 K_d。然后,在相同的 T、p 条件下,用 KI 的水溶液与

I_2 的四氯化碳溶液混合,则 I_2 会进入水相与 KI 发生配合反应,经过充分振荡、静置,多相反应同时达到平衡状态(如图 3-16 所示)。由于水溶液中的 I_2 浓度已由分配定律求出,故可进一步求得碘和碘离子反应的平衡常数 K。

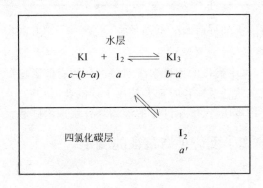

图 3-16　I_2 在水和 CCl_4 中的平衡

设水层中 KI 的原始浓度为 c,I_2 和 KI_3 的总浓度为 b(配置编号为 2 的样品,通过滴定水层中的 I_2 而得),I_2 的浓度为 a(配置编号为 1 的样品,通过测定平衡时四氯化碳层中 I_2 的量,而由式(3-15)计算而得)。

分配系数 K_d 为:

$$K_d = \frac{c_{I_2}^{H_2O}}{c_{I_2}^{CCl_4}} = \frac{a}{c_{I_2}^{CCl_4}} \tag{3-15}$$

而

$$K \approx \frac{c_{I_3^-}}{c_{I^-} \cdot c_{I_2}} = \frac{b-a}{c-(b-a)} \tag{3-16}$$

该实验内容具体包括:

(1)配置碘的水和四氯化碳双相溶液及碘和碘化钾的水和四氯化碳双相溶液,并使其达到相平衡和化学平衡。

(2)采用硫代硫酸钠滴定的方法,测出达到平衡后的碘的水和四氯化碳双相溶液中,水中碘的浓度和四氯化碳中碘的浓度,算出碘在水和四氯化碳溶液中的分配系数。

(3)采用硫代硫酸钠滴定的方法,测出达到平衡后的碘和碘化钾的水和四氯化碳双相溶液中,水中碘和碘络离子的浓度之和以及四氯化碳中碘的浓度;再通过碘在水和四氯化碳溶液中的分配系数及物料平衡方程,算出水相中达到平衡时各组分的平衡浓度,算出碘和碘离子反应的平衡常数。

C　仪器和药品

(1)仪器:恒温槽 1 套,量筒(25mL、100mL)各 1 个,滴定管(25mL、5mL)各 1 支,洗耳球 1 个,碘量瓶(250mL)2 个,移液管(25mL、5mL)各 2 支,锥形瓶(150mL)4 个。

(2)药品:0.02mol/L I_2 的 CCl_4 溶液,0.02% I_2 的水溶液,0.10mol/L KI 水溶液,0.02mol/L $Na_2S_2O_3$ 标准溶液,0.5% 淀粉溶液。

D　实验步骤

(1)控制恒温槽水温为 25℃。

(2)取两个 250mL 碘量瓶,标上编号,用量筒按表 3-6 配制溶液,随即盖好碘量瓶。

表 3-6 溶液配制表 (mL)

编 号	I_2 的水溶液	KI 水溶液	I_2 的 CCl_4 溶液
1	100	0	25
2	0	100	25

(3)将配好的溶液剧烈振荡 10min,然后置于恒温槽里并时常摇动,使系统温度均匀,恒温 0.5h 以上。待系统两液层分层后(如水层表面还有 CCl_4,轻轻摇动使之沉下),取样进行分析。

(4)从两个碘量瓶中准确吸取水层样 25.00mL、CCl_4 层样 5.00mL 各 3 份,用 $Na_2S_2O_3$ 标准溶液滴定。滴定至淡黄色时,加几滴淀粉指示剂,此时溶液呈蓝色,继续用 $Na_2S_2O_3$ 溶液滴定至蓝色刚刚消失。

E 关键操作及注意事项

(1)由于 1 号瓶 CCl_4 层样、2 号瓶水层样中含 I_2 量大,要用 25mL 滴定管;而 1 号瓶水层样、2 号瓶 CCl_4 层样中含 I_2 量小,需用 5mL 微量滴定管。

(2)滴定 CCl_4 层样前,要加少许固体 KI 或者 5mL 20% KI 溶液,使 CCl_4 层中的 I_2 完全提取到水层上来。

(3)滴定后的 CCl_4 溶液以及实验完成时碘量瓶剩余的溶液,要倒入指定回收瓶中。

F 数据记录与处理

(1)实验数据记录见表 3-7。

表 3-7 实验数据表(1)

室温_____℃,大气压力_____kPa,$Na_2S_2O_3$ 溶液_____mL

样品编号		1 号溶液		2 号溶液	
取样量		水层 25mL	CCl_4 层 5mL	水层 25mL	CCl_4 层 5mL
消耗的 $Na_2S_2O_3$ /mL	第一次	平均值	平均值	平均值	平均值
	第二次				
	第三次				

(2)计算碘在水和四氯化碳溶液中的分配系数,相关计量反应方程为:

$$2Na_2S_2O_3 + I_2 \longrightarrow Na_2S_4O_6 + 2NaI$$

(3)计算碘和碘离子反应的平衡常数,将计算结果列于表 3-8 中。

表 3-8 实验数据表(2)

样品编号	1 号溶液		2 号溶液	
取样量	水层 25mL	CCl_4 层 5mL	水层 25mL	CCl_4 层 5mL
消耗的 $Na_2S_2O_3$/mL				
碘的浓度	碘在水层中的浓度	碘在 CCl_4 层中的浓度	碘在水层中的浓度	碘在 CCl_4 层中的浓度
计算分配系数 K_d 及平衡常数 K	分配系数 $K_d =$		平衡常数 $K =$	

G　思考题

(1)测定平衡常数及分配系数为什么要保持恒温?

(2)本实验为什么要通过分配系统的测定求化学反应平衡常数?

(3)配制1、2号溶液进行实验的目的何在? 如何由滴定数据计算平衡时 KI、I_2、KI_3 的浓度(mol/L)?

(4)如何加速反应平衡的到达? 分析水层和 CCl_4 层时应注意什么?

3.7　实验7　双液系的气液平衡相图

A　实验目的

(1)熟悉阿贝折射仪的使用方法;

(2)掌握沸点的测定方法,通过实验进一步理解分馏原理;

(3)用沸点测量仪测定在常压下环己烷-乙醇双液系的气液平衡相图,确定其恒沸温度和恒沸组成;

(4)了解双液系相图的特点,进一步学习和巩固相律等有关知识。

B　实验原理

在常温下,任意两种液体混合组成的二组分系统,称为双液系。若两液体能按任意比例相互溶解,则称为完全互溶双液系;若只能部分互溶,则称为部分互溶双液系。

液体的沸点是指,液体的蒸汽压与外界大气压相等时的温度。在一定的外压下,纯液体有确定的沸点;而双液系的沸点不仅与外压有关,还与双液系的组成有关。图 3-17(a)是一种最简单的完全互溶双液系的 $t\text{-}x_B$ 图。图中,纵轴是沸点温度 t,℃;横轴是液体 B 的摩尔分数 x_B(或质量分数 w_B);上面一条是气相线,下面一条是液相线;对应于同一沸点温度的两条曲线上的两个点,就是互相平衡的气相点和液相点,其相应的组成可从横轴上获得。因此,如果在恒压下将溶液蒸馏,测定气相馏出液和液相蒸馏液的组成,就能绘出 $t\text{-}x_B$ 图。

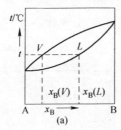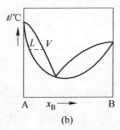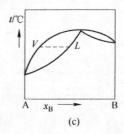

图 3-17　完全互溶双液系的沸点-组成图

如果液体与拉乌尔定律的偏差不大,在 $t\text{-}x_B$ 图上,溶液的沸点介于 A、B 两种纯液体的沸点之间(见图 3-17(a))。实际溶液由于 A、B 两组分的相互影响,常与拉乌尔定律有较大偏差,在 $t\text{-}x_B$ 图上会有最低点(见图 3-17(b))或最高点(见图 3-17(c))出现,这些点称为恒沸点,其相应的溶液称为恒沸点混合物。恒沸点混合物蒸馏时,所得的气相与液相组成相同,靠蒸馏无法改变其组成,如苯-乙醇、环己烷-乙醇(如图 3-18 所示)、环己烷-异丙醇等体系具有最低恒沸点,卤化氢-水、丙酮-氯仿等体系则具有最高恒沸点。

为了绘制沸点-组成图,要求同时测定溶液的沸点及气液平衡时的两相组成。本实验是利用回流分析方法来测定不同组成溶液的沸点及气液平衡组成的。沸点数据可直接获得;而气液平衡组成则利用其组成与折射率之间的关系,应用阿贝折射仪间接测得,即通过液体折射率的测定来确定其组成。

C 仪器及药品

(1)仪器:沸点测量仪1套,阿贝折射仪1台,超级恒温水浴1台,取样管2支,实验装置图(见图3-19)。

(2)药品:无水乙醇(分析纯),编为1号;环己烷与乙醇的混合溶液(粗略配制由质量分数 $w_{环己烷}$ 分别为 5%、10%、20%、45%、55%、60%、70%、80%、90% 的环己烷组成的环己烷-乙醇溶液各约 50mL),编为 2~10号;环己烷(分析纯),编为11号。

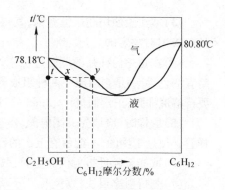

图 3-18 环己烷-乙醇的气液平衡相图

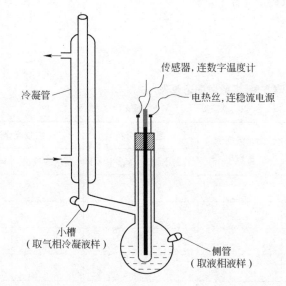

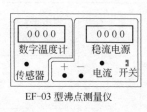

图 3-19 实验装置图

D 实验步骤

(1)开启供折射仪使用的超级恒温槽,调节温度控制器,使其达到实验所需温度。

(2)安装好干燥的沸点测量仪,按图3-19安装好沸点仪,并连接好冷凝水管等。

(3)加入纯乙醇30mL左右,盖好瓶塞,使电热丝浸入液体中,温度传感器与液面接触,至少要高于电热丝2cm。

(4)开冷凝水,将稳流电源调至1.8~2.0A,接通电热丝,加热至沸腾,待数字温度计上读数恒定后,读取该温度值。

(5)关闭电源,停止加热,将干燥的取样管自冷凝管上端插入冷凝液收集小槽中,取气相冷凝液样,迅速用阿贝折射仪测其折射率。

(6)用干燥的小滴管取液相液样,用阿贝折射仪测其折射率。

(7)分别在沸点测量仪中加入2~10号混合液和11号环己烷,重复上述操作。

(8)根据环己烷-乙醇标准溶液的折射率,绘制相图。

E 关键操作及注意事项

(1)在测定纯液体样品时,沸点测量仪必须是干燥的。

(2)注意线路的连接,加热时,应缓慢将稳流电源调至1.8~2.0A。

(3)本实验使用超级恒温槽,其温度必须调至25℃(本实验环己烷-乙醇标准溶液的折射率是在25℃时测定的)。

(4)在每一份样品的蒸馏过程中,由于整个体系的成分不可能保持恒定,因此,平衡温度会略有变化,特别是当溶液中两种组成的量相差较大时,变化更为明显。为此,每加一次样品后,只要待溶液沸腾,正常回流1~2min后,即可取样测定,不宜等待时间过长。

(5)取样时,应该先关闭电源,停止加热。在整个实验中,每次取样量不宜过多。取样时,取样管必须是干燥的,不能留有上次的残液,气相取样口的残液也要擦干净。

(6)取样至阿贝折射仪测定时,取样管应该垂直向下且不能触及棱镜。

(7)测折射率要快,以免两组分挥发速度不同而影响待测液组成。特别要注意,在气相冷凝液样与液相液样之间一定要用擦镜纸将镜面擦干。

F　数据记录与处理

a　数据记录

将实验数据填在表3-9中。

表3-9　实验数据记录表

室温_____℃,大气压_____kPa

样品编号	沸点/℃	馏出液实测折射率	馏余液实测折射率	馏出液分析		馏余液分析	
				折射率校正	$w_{环己烷}$/%	折射率校正	$w_{环己烷}$/%
1							
2							
3							
4							
5							
6							
7							
8							
9							
10							
11							

b　数据处理

(1)折射率换算。大多数液态有机物折射率的温度系数为 $-4 \times 10^{-4} \mathrm{K}^{-1}$,$\dfrac{\mathrm{d}n_D}{\mathrm{d}t} = -0.0004$。所以,应该把实验温度下各编号样品的实测折射率 n_D^t,换算成已知折射率-组成关系温度(25℃)下的 n_D^{25},填写到表3-9中折射率校正项中。

(2)按表3-10中所列25℃时环己烷-乙醇体系的折射率-组成关系,绘制25℃时环己烷-乙醇的折射率-组成标准曲线(如图3-20所示)。

表3-10 25℃时环己烷-乙醇体系的折射率-组成关系(文献值)

$w_{乙醇}$/%	$w_{环己烷}$/%	n_D^{25}
100.00	0.00	1.35935
89.92	10.08	1.36867
79.48	20.52	1.37766
70.89	29.11	1.38412
59.41	40.59	1.39216
49.83	50.17	1.39836
40.16	59.84	1.40342
29.87	70.13	1.40890
20.50	79.50	1.41356
10.30	89.70	1.41855
0.00	100.00	1.42338

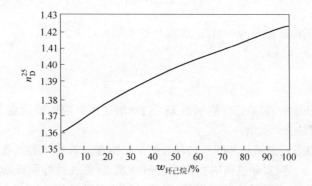

图3-20 25℃时环己烷-乙醇的折射率-组成标准曲线

(3)在25℃时环己烷-乙醇的折射率-组成标准曲线图上,找出折射率校正项中各数值所对应的组成,填写到表3-9 $w_{环己烷}$ 项中。

(4)绘制沸点-组成图,并从沸点-组成图中确定恒沸温度与恒沸组成。

表3-11列出环己烷-乙醇体系相图恒沸点数据的相关文献值。

表3-11 100kPa下环己烷-乙醇体系相图的恒沸点数据

恒沸点/℃	乙醇质量分数/%	环己烷质量分数/%
64.9	31.5	68.5

G 思考题

(1)测沸点时,沸点测量仪是否需要洗净、烘干,为什么?

(2)在常压下,用精馏的方法能否实现水和酒精的完全分离?

3.8 实验8 凝固点降低法测定物质的相对分子质量

A 实验目的

(1)掌握用凝固点降低法测定物质相对分子质量的原理与技术;

（2）掌握贝克曼温度计的使用方法。

B　实验原理

化合物的相对分子质量是一个重要的物理化学数据。凝固点降低法是一种简单而比较准确的测定相对分子质量的方法。

固体溶剂与溶液呈平衡态时的温度，称为溶液的凝固点。含有非挥发性溶质的两组分稀溶液的凝固点，低于纯溶剂的凝固点，其凝固点的降低值与溶液的质量摩尔浓度成正比。稀溶液的凝固点降低公式表示为：

$$T_f^* - T_f = \Delta T_f = K_f b_B \tag{3-17}$$

式中　T_f^*——纯溶剂的凝固点，K；

　　　　T_f——质量摩尔浓度为 b_B 的溶液的凝固点，K；

　　　　b_B——质量摩尔浓度，mol/kg；

　　　　K_f——溶剂的质量摩尔凝固点降低常数，K·kg/mol，它取决于溶剂的性质，而与溶质的

　　　　　　　性质无关。

若称取一定量的溶质 m_B（g）和溶剂 m_A（g）配成稀溶液，则此溶液的质量摩尔浓度 b_B 为：

$$b_B = \frac{m_B/M_B}{m_A} \times 1000 \tag{3-18}$$

式中　M_B——溶质的摩尔质量，g/mol，在数值上等于其相对分子质量。

由式（3-17）和（3-18）得：

$$M_B = \frac{K_f}{\Delta T_f} \cdot \frac{1000 m_B}{m_A} \tag{3-19}$$

由式（3-19）可以看出，如果已知溶剂的 K_f 值，则测定此溶液的凝固点降低值，即可按式（3-19）计算出溶质的相对分子质量。

纯溶剂的凝固点是它的液相和固相共存时的平衡温度。若将纯溶剂逐步冷却，其冷却曲线见图 3-21 中的曲线 Ⅰ。但实际过程中往往发生过冷现象，即在过冷而开始析出固体后，温度才回升到稳定的平衡温度，待液体全部凝固后，温度再逐渐下降，其冷却曲线呈现如图 3-21 中曲线 Ⅱ 的形状。

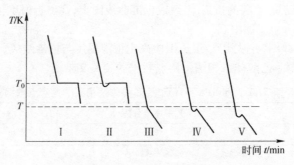

图 3-21　溶剂与溶液的冷却曲线

T_0—纯溶剂的凝固点；T—溶液的凝固点

溶液的凝固点是该溶液的液相与溶剂的固相共存时的平衡温度。若将溶液逐步冷却，其冷却曲线与纯溶剂不同，见图 3-21 中曲线 Ⅲ 所示的冷却曲线。由于部分溶剂凝固而析出，使剩余溶液的浓度逐渐增大，因而剩余溶液与溶剂固相的平衡温度会逐渐下降。本实验所要测定的量是已知浓度溶液的凝固点，因此，析出的溶剂固相的量不能太多，否则就会影响原溶液的浓度。轻度的过冷现象（如图 3-21 中曲线 Ⅳ 所示）对相对分子质量的测定无显著影响；但是深度过冷（如图 3-21 中曲

线V所示),将会使测得的凝固点偏低,影响相对分子质量的测定结果。因此,在测定过程中,必须设法尽量使过冷度小一些,一般可通过控制溶剂的温度、搅拌速度等方法来实现。因为稀溶液的凝固点降低值不大,所以温度的测量需要用较精密的仪器,本实验采用贝克曼温度计。

C 仪器和药品

(1)仪器:凝固点测定仪1台,水银温度计1支(1/10刻度),压片机1台,读数放大镜1个,贝克曼温度计1支。

(2)药品:苯(分析纯),萘(分析纯)。

D 实验步骤

(1)调节贝克曼温度计。在苯的凝固点时,使其水银柱高度位于距离顶端刻度1~2℃处。

(2)调节溶剂的温度。调节冰水的量,使溶剂温度为3℃左右(溶剂的温度以不低于所测液体凝固点3℃为宜)。在实验过程中,用搅拌器经常搅拌并经常补充少量的冰,使溶剂保持在此温度。

(3)苯的凝固点测定。将凝固点测定仪安装好(见图3-22)。凝固点管、贝克曼温度计及搅拌器均需清洁而干燥,搅拌时应避免搅拌器与管壁或温度计摩擦。

用移液管吸取25mL苯液,把它加入凝固点管,加入的苯液要足够浸没贝克曼温度计的水银球,但也不能太多,尽量不要溅在管壁上;塞上软木塞,以免苯挥发,并记下加入的苯液温度。

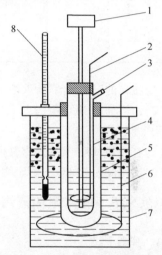

图3-22 凝固点测定装置

1—贝克曼温度计;2—内管搅拌棒;3—投料支管;
4—凝固点管;5—空气套管;6—寒剂搅拌棒;
7—冰槽;8—温度计

先将盛有苯液的凝固点管直接插入溶剂中,上下移动搅拌器,使苯液逐步冷却;当有固体析出时,将凝固点管自溶剂中取出,将管外冰水擦干,插在空气套管中,缓慢而均匀地搅拌(约每秒钟一次)。观察贝克曼温度计的读数直到温度稳定为止,此温度值即为苯的近似凝固点。

取出凝固点管并用手温热,使管中的固体完全熔化;再将凝固点管直接插入溶剂中缓慢搅拌,使苯液较快地冷却。当苯液温度降至高于近似凝固点0.5℃时,迅速取出凝固点管,擦干后插入空气套管中,并缓慢搅拌(每秒一次),使苯液温度均匀地逐渐下降。当温度低于近似凝固点0.3℃左右时,应急速搅拌(防止过冷度超过0.5℃,最好为0.2~0.3℃),促使固体析出。当固体析出时,温度开始回升,立即改为缓慢搅拌,并一直继续到用读数放大镜观察到贝克曼温度计上的读数稳定为止,此即苯的凝固点。

重复测定三次,要求其绝对平均误差小于±0.003℃。

(4)溶液凝固点的测定。取出凝固点管,使管中的苯熔化。自凝固点管支管加入事先压成片状,并已精确称量的萘(所加量约使溶液的凝固点下降0.5℃左右)。测定凝固点的方法与纯溶剂相同,先测近似凝固点,再精确测定;但溶液凝固点的取值是过后回升到所达到的最高温度。重复测定三次,要求其绝对平均误差小于±0.003℃。

E 关键操作及注意事项

(1)搅拌速度的良好控制是做好本实验的关键,每次测定应按要求的速度搅拌,并且测溶剂与溶液凝固点时,搅拌条件要完全一致。

(2)溶剂温度对实验结果也有很大影响,过高会导致冷却太慢,过低则测不出正确的凝固点。

(3)纯水过冷度约为 0.7～1℃(视搅拌速度快慢),为了减少过冷度而加入少量晶种,每次加入晶种的大小应尽量一致。

F　数据记录和处理

(1)将实验数据填在表 3-12 中。

表 3-12　实验数据记录表

室温_____℃,大气压_____kPa,苯的密度_____g/cm³,冰槽温度_____℃

| 物质 | 质量/g | 凝固点 T_f/K | | 凝固点降低值/K | 萘的相对分子质量 | 误　差 |
		测量值	平均值			
苯		1				
		2				
		3				
萘		1				
		2				
		3				

(2)按苯的密度,计算所取溶剂苯的质量(苯的密度可查附录 7)。

(3)由溶剂、溶液的凝固点 T_f^*、T_f,计算萘的相对分子质量。

G　思考题

(1)在冷却过程中,凝固点管内的液体有哪些热交换存在,它们对凝固点的测定有何影响?

(2)应用凝固点降低法测定物质相对分子质量,在选择溶剂时应考虑哪些问题?

3.9　实验9　液体饱和蒸汽压的测定——静态法

A　实验目的

(1)明确液体饱和蒸汽压的定义,了解纯液体饱和蒸汽压与温度的关系;

(2)了解静态法测定液体饱和蒸汽压的原理;

(3)掌握真空泵、恒温槽及气压计的工作原理和使用方法;

(4)学会用图解法求被测液体在实验温度范围内的平均摩尔汽化热与正常沸点。

B　实验原理

在一定温度下,处于密闭真空容器中的液体中,一些动能较大的液体分子可从液相进入气相,而动能较小的蒸汽分子因碰撞而凝结成液相。当两者的速度相等时,气液两相建立动态平衡,此时液面上的蒸汽压力就是该温度下的饱和蒸汽压。

纯液体的蒸汽压是随温度的变化而改变的,当温度升高时,分子运动加剧,更多的高动能分子由液相进入气相,因而蒸汽压增大;反之,温度降低,则蒸汽压减小。液体的饱和蒸汽压与温度的关系,可用克拉珀龙-克劳修斯方程式来表示:

$$\frac{\mathrm{d}\ln p}{\mathrm{d}T}=\frac{\Delta H_m}{RT^2}$$

(3-20)

式中,p 为液体在温度 T 时的饱和蒸汽压,Pa;T 为热力学温度,K;ΔH_m 为液体摩尔汽化热,J/

mol; R 为气体常数。如果温度变化的范围不大,ΔH_m 可视为常数,将式(3-20)积分可得:

$$\lg \frac{p}{p^{\ominus}} = -\frac{\Delta H_m}{2.303RT} + C \tag{3-21}$$

式中,C 为积分常数,此数与压力 p 的单位有关。由式(3-21)可见,若在一定温度范围内测定不同温度下的饱和蒸汽压,以 $\lg \frac{p}{p^{\ominus}}$ 对 $\frac{1}{T}$ 作图,可得一条直线,直线的斜率为 $-\frac{\Delta H_m}{2.303R}$,而由斜率可求出实验温度范围内液体的平均摩尔汽化热 ΔH_m。

当液体的蒸汽压与外界压力相等时,液体便沸腾;外压不同,液体的沸点也不同。我们把液体的蒸汽压等于 101.325kPa 时的沸腾温度定义为液体的正常沸点。从图中也可求得该液体的正常沸点。

测定液体饱和蒸汽压常用以下三种方法:

(1)饱和气流法。在一定的温度和压力下,让一定体积的空气或惰性气体以缓慢的速率通过一个易挥发的待测液体,使气体被待测液体的蒸汽所饱和。分析混合气体中各组分的量以及总压,再按道尔顿分压定律求算混合气体中蒸汽的分压,即是该液体在此温度下的蒸汽压。该法的缺点是:不易获得真正的饱和状态,导致实验值偏低。

(2)动态法。当液体的蒸汽压与外界压力相等时,液体就会沸腾,沸腾时的温度就是液体的沸点,即与沸点所对应的外界压力就是液体的蒸汽压。若在不同的外压下测定液体的沸点,从而可得到液体在不同温度下的饱和蒸汽压,这种方法称为动态法。该法装置较简单,只需将一个带冷凝管的烧瓶与压力计及抽气系统连接起来即可。实验时,先将体系抽气至一定的真空度,测定此压力下液体的沸点,然后逐次往系统放进空气,增加外界压力,并测定其相应的沸点。只要仪器能承受一定的正压而不冲出,动态法也可用于压力在 101.325kPa 以上的实验。动态法较适用于高沸点液体蒸汽压的测定。

(3)静态法。该法是将待测物质放在一个密闭的体系中,在不同温度下直接测量其饱和蒸汽压。通常是用平衡管(又称等位计)进行测定的。平衡管由一个球管与一个 U 形管连接而成(如图 3-23 所示),待测物质置于球管内,U 形管中放置汞或被测液体。将平衡管和抽气系统、精密数字压力计连接,在一定温度下,当 U 形管中的液面在同一水平高度时,表明 U 形管两臂液面上方的压力相等,记下此时的温度和压力,则精密数字压力计的示值就是该温度下液体的饱和蒸汽压,或者说,所测温度就是该压力下的沸点。可见,利用平衡管可以获得并保持体系中纯试样的饱和蒸汽压,U 形管中的液体起着液封和平衡指示的作用。静态法常用于易挥发液体饱和蒸汽压的测量,也可用于固体加热分解的平衡压力测量。本实验采用静态法。

C 仪器和药品

(1)仪器:恒温水浴 1 套,平衡管 1 支,精密数字压力计 1 台,真空泵及附件等。

(2)药品:纯水,无水乙醇(分析纯)或乙酸乙酯(分析纯)。

D 实验步骤

(1)安装仪器。将待测液体装入平衡管,A 球约为 2/3 体积,B 球和 C 球各为 1/2 体积,然后按图 3-23 装好各部分仪器。

(2)系统气密性检查。关闭直通活塞 7,旋转三通活塞 6,使系统与真空泵连通,开动真空泵,抽气减压至压力计显示压差为 53kPa(400mmHg)时,旋转三通活塞 6 停止系统抽气,关闭真空泵。观察压力计的示数,如果压力计的示数能在 3~5min 内维持不变,则表明系统不漏气;否则,应逐段检查,找出漏气原因。

(3)排除 A、B 弯管空间内的空气。将恒温槽温度调至比室温高 3℃,接通冷凝水,抽气降压

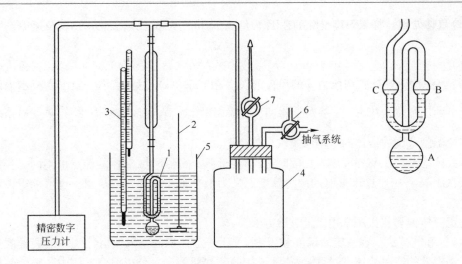

图 3-23　液体饱和蒸汽压的测定装置

1—平衡管;2—搅拌器;3—温度计;4—缓冲瓶;5—恒温水浴;6—三通活塞;7—直通活塞

至液体轻微沸腾。此时,A、B 弯管内的空气不断随蒸汽经 C 管逸出,如此沸腾 3～5min,可认为空气被排除干净。

(4)饱和蒸汽压的测定。当空气被排除干净且体系温度恒定后,旋转直通活塞 7 缓缓放入空气,直至 B、C 管中液面平齐,关闭直通活塞 7,记录温度与压力。然后,将恒温槽温度升高 3℃,当待测液体再次沸腾,体系温度恒定后放入空气,使 B、C 管液面再次平齐,记录温度和压力。依次测定,共测 8 个值。

E　关键操作及注意事项

(1)减压系统不能漏气,否则抽气时达不到本实验要求的真空度。

(2)抽气速度要合适,必须防止平衡管内的液体沸腾过剧,致使 B 管内液体快速蒸发。

(3)实验过程中,必须充分排除净 A、B 弯管空间中的全部空气,使 B 管液面上空只含液体的蒸汽分子。A、B 管必须放置于恒温水浴的水面以下,否则其温度与水浴温度不同。

(4)测定中,打开进空气活塞时,切忌太快,以免空气倒灌入 A、B 弯管的空间中。如果发生倒灌,则必须重新排除空气。

F　数据记录和数据处理

(1)将实验数据填在表 3-13 中。

表 3-13　实验数据表

被测液体_____,实验时间_____,室温_____℃,大气压_____kPa

编　号	饱和蒸汽压 p /kPa	$\lg \dfrac{p}{p^{\ominus}}$	温度 t/℃	T/K	$1/T$/K^{-1}
1					
2					
3					
4					
5					
6					
7					
8					

(2)数据处理。将表 3-13 中温度和压力的读数用软件进行数据处理,求出摩尔汽化热。

G 思考题

(1)怎样判断球管液面上空的空气是否被排净? 若未被驱除干净,对实验结果有何影响?

(2)如何防止 U 形管中的液体倒灌入球管 A 中? 若倒灌时带入空气,实验结果有何变化?

(3)本实验方法能否用于测定溶液的蒸汽压,为什么?

3.10 实验10 两组分合金相图的绘制

A 实验目的

(1)学会用热分析法测绘铅-锡二元金属相图;

(2)了解固液相图的特点,进一步学习和巩固相律等有关知识;

(3)掌握热电偶测温的基本方法。

B 基本原理

相是指体系内部物理性质和化学性质完全均匀的部分。相平衡是指多相体系中组分在各相中的量不随时间的变化而改变。研究多相体系的状态如何随组成、温度、压力等变量的改变而发生变化,并用图形来表示体系状态的变化,这种图就称为相图。

本实验采用热分析法绘制相图。热分析法是根据样品在加热或冷却过程中,温度随时间的变化关系来判断被测样品是否发生相变化,如图 3-24 所示。对于简单的低共熔二元系,当均匀冷却时,如无相变化,其温度将连续均匀下降,得到一条平滑的曲线(见图 3-24 中的 ab、$a'b'$段);如在冷却过程中发生了相变化,由于放出相变热使热损失有所补偿,步冷曲线就会出现转折或水平线段(见图 3-24(a)中曲线②的 b'点或曲线①、③、④中的水平线段部分),转折点或水平线段所对应的温度,即为该组成合金的相变温度。

通过测定一系列组成不同的样品温度随时间的变化曲线(步冷曲线),绘制出两组分合金相图。

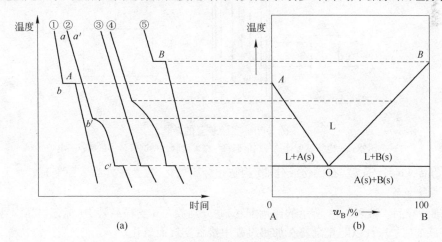

图 3-24 步冷曲线和二元系凝聚系统相图

(a)步冷曲线;(b)二元组分凝聚系统相图

C 仪器和药品

(1)仪器:本实验的整个实验装置由金属相图专用加热装置(10 头加热单元或单头加热单元)、计算机、JX-3D 型金属相图控制器(含热电偶)以及其他附件组成(见图 3-25)。

金属相图专用加热装置用于对被测金属样品进行加热;计算机用于对采集到的数据进行分

析、处理,并绘制曲线;JX-3D 型金属相图控制器连接计算机和加热装置,用于控制加热、采集和传送实验数据。

实验装置的结构见图 3-26。

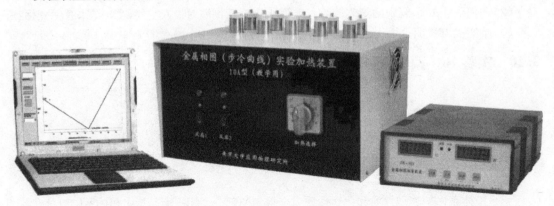

图 3-25　金属相图实验装置的外形

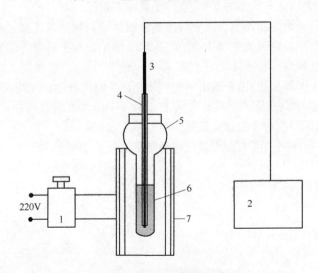

图 3-26　实验装置的结构

1—调压器;2—电子温度计;3—热电偶;4—细玻璃管;5—试管;6—试样;7—电炉

(2)药品:Pb 粒、Sn 粒,石墨粉或硅油(为防止金属氧化,覆盖在样品表面上)。

D　实验步骤

(1)准备样品。按表 3-14 所示的比例配制,并分别放在 6 支样品管中(标记样品编号),再各加入少许硅油(约 3g),以防止金属在加热过程中接触空气而氧化。

表 3-14　实验样品配制表

样品编号	1	2	3	4	5	6
锡的质量分数/%	0	20	40	61.9	80	100
锡/g	0	40	80	123.8	160	200
铅/g	200	160	120	76.2	40	0

(2)检查各接口连线的连接是否正确,然后接通电源开关;进行实验前,将仪器开启 2min。

(3)将温度传感器插入样品管中,样品管放入加热炉,炉体的挡位拨至相应炉号。

(4)测定步冷曲线。参照仪器的使用说明书,设置好仪器的各种参数。按"打开串口"按钮,根据串口连接方式,选择适当的串口,如果选择正确,将会在软件左上方的文本框内显示仪器所测得的当前温度值。按下"开始实验"按钮,输入本次实验数据保存的文件名,而后开始进行实验数据记录。按下控制器面板"加热"按钮进行加热,到样品熔化(设定温度)时,加热自动停止。熔化的样品缓慢冷却,此时,实验数据将以曲线的形式显示在程序界面上,即为样品的步冷曲线。

(5)将另一个样品管再放入加热炉,重复以上实验。

(6)实验完成后,取出样品管,关闭电源,整理实验台。

E 关键操作及注意事项

(1)被测样品按高熔点到低熔点的顺序依次进行测定(纯铅的熔点为 327℃,纯锡的熔点为 232℃)。

(2)为使步冷曲线上有明显的相变点,必须将热电偶接点放在熔融体的中间偏下处,同时将熔体搅匀。冷却时,将金属样品管放在冷却炉中,打开风扇控制温度下降。

(3)不要用手触摸被加热的样品管底部,更换热电偶时不要碰到手臂,以免烫伤。

F 数据记录与处理

(1)计算机软件画出步冷曲线 T-t 图。对组成一定的两组分低共熔混合物系统,可以根据步冷曲线判断固体析出时的温度和最低共熔点的温度,并填在表 3-15 中。

表 3-15 实验数据表

实验日期_____,室温_____℃,气压_____kPa

锡的质量分数/%	0	20	40	61.9	80	100
转折点温度/℃						
平台温度/℃						

本实验的文献值列在表 3-16 中。

表 3-16 实验文献值表

锡的质量分数/%	0	20	40	60	80	100
熔点温度/℃	327	276	240	190	200	232
最低共熔点温度/℃		181	181	181	181	

注:最低共熔混合物组成:含 Sn63%。

(2)绘制相图曲线。从步冷曲线上读出折点温度及水平温度,按下"相图绘制"按钮,分别输入拐点温度、样品成分,输入顺序请按照其中一种物质的质量分数,计算机软件即可绘制相图曲线。也可以根据实验数据,以温度作纵坐标,以两组分金属的组成作横坐标,自己绘制相图 T-x 图。为了保证相图的正确性,必须保证实验结果覆盖相图曲线的两段直线。

G 思考题

(1)金属熔融系统冷却时,步冷曲线为什么出现折点?纯金属、低共熔金属及合金等步冷曲线的转折点各有几个,曲线形状为何不同?

(2)有时在出现固相的冷却记录曲线转折处出现凹陷的小弯,是什么原因造成的,此时应如何读取相图转折点温度?

(3)对所作相图进行相律分析,指出最低共熔点、曲线、各区的相数和自由度数。

3.11   实验 11   原电池电动势的测定

A   实验目的

(1)学会一些电极的制备和处理方法;

(2)加深对原电池、电极电势等概念的理解;

(3)掌握电势差计的测量原理和测定电池电动势的方法。

B   实验原理

原电池是将化学能转变为电能的装置,它是由两个"半电池"组成,而每一个半电池中,有一个电极和相应的电解质溶液,由半电池可组成不同的原电池。在原电池反应中,负极发生氧化反应,正极发生还原反应,原电池反应是两个电极反应的总和,原电池的电动势等于两个电极电势的差值,即:

$$E = \varphi_+ - \varphi_-$$

式中,φ_+ 是正极的电极电势,V;φ_- 是负极的电极电势,V。

以 Cu-Zn 电池为例,原电池符号为:

$$(-)Zn \mid ZnSO_4(a_1) \parallel CuSO_4(a_2) \mid Cu(+)$$

负极反应: $Zn(s) - 2e \longrightarrow Zn^{2+}(a_{Zn^{2+}})$

正极反应: $Cu^{2+}(a_{Cu^{2+}}) + 2e \longrightarrow Cu(s)$

原电池总反应式为:

$$Zn(s) + Cu^{2+}(a_{Cu^{2+}}) \longrightarrow Zn^{2+}(a_{Zn^{2+}}) + Cu(s)$$

根据能斯脱方程式,负极的电极电势为:

$$\varphi_{Zn^{2+}/Zn} = \varphi_{Zn^{2+}/Zn}^{\ominus} + \frac{RT}{2F}\ln\frac{a_{Zn^{2+}}}{a_{Zn}} \tag{3-22}$$

正极的电极电势为:

$$\varphi_{Cu^{2+}/Cu} = \varphi_{Cu^{2+}/Cu}^{\ominus} + \frac{RT}{2F}\ln\frac{a_{Cu^{2+}}}{a_{Cu}} \tag{3-23}$$

所以,Cu-Zn 电池的电池电动势为:

$$E = \varphi_{Cu^{2+}/Cu} - \varphi_{Zn^{2+}/Zn}$$

$$= \varphi_{Cu^{2+}/Cu}^{\ominus} - \varphi_{Zn^{2+}/Zn}^{\ominus} + \frac{RT}{2F}\ln\frac{a_{Cu^{2+}}a_{Zn}}{a_{Cu}a_{Zn^{2+}}} \tag{3-24}$$

$$= E^{\ominus} + \frac{RT}{2F}\ln\frac{a_{Cu^{2+}}a_{Zn}}{a_{Cu}a_{Zn^{2+}}}$$

由于纯固体的活度为 1,所以:

$$E = E^{\ominus} + \frac{RT}{2F}\ln\frac{a_{Cu^{2+}}}{a_{Zn^{2+}}} = E^{\ominus} + \frac{RT}{2F}\ln\frac{\gamma_\pm c_{Cu^{2+}}}{\gamma_\pm c_{Zn^{2+}}} \tag{3-25}$$

式(3-24)中,$\varphi_{Cu^{2+}/Cu}^{\ominus}$ 为铜电极在标准状态下的电极电势,V;$\varphi_{Zn^{2+}/Zn}^{\ominus}$ 为锌电极在标准状态下的电极电势,V;$E^{\ominus}$ 为铜锌电池在标准状态下的电动势,V;a 为活度;$\gamma_\pm$ 和 c 分别表示平均活度系数和浓度。

在一定温度下,电极电势的大小取决于电极的性质和溶液中有关离子的活度。由于电极电势的绝对值不能测量,在电化学中,通常将标准氢电极的电极电势定为零,其他电极的电极电势值是与标准氢电极比较而得到的相对值。由于使用标准氢电极的条件要求苛刻,实际中常用电势稳定的可逆电极作为参比电极来代替标准氢电极,如甘汞电极、银-氯化银电极等。这些电极的标准电极电势值已精确测出,在物理化学手册(见附录15)可以查到。

电动势的测量在物理化学研究中具有重要意义,通过电池电动势的测量,可以获得氧化还原的重要热力学函数。测量电池的电动势要在接近热力学可逆条件下进行,不能用伏特计直接测量,因为此方法在测量过程中有电流通过伏特计,处于非平衡状态,因此测出的是两电极间的电势差,达不到测量电动势的目的,而只有在无电流通过的情况下,电池才处在平衡状态。用对消法可达到测量原电池电动势的目的,原理见图3-27。

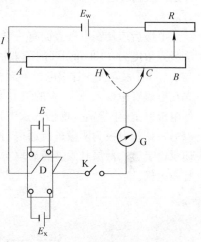

图 3-27 中,AB 为均匀的电阻丝,工作电池 E_w 与 AB 构成一个通路,在 AB 线上产生了均匀的电位降。D 是双臂电钥,当 D 向下时,与待测电池 E_x 相通,待测电池的负极与工作电池的负极并联,正极则经过检流计 G 接到滑动接头 C 点上,这样就等于在电池的外电路上加上一个方向相反的电位差,它的大小由滑动点的位置来决定。移动滑动点的位置就会找到某一点(如 C 点),当电钥闭合时,检流计中没有电流通过,此时电池的电动势恰好和 AC 线段所代表的电位差在数值上相等,而方向相反。为了求得 AC 线段的电位差,可以将 D 向上扳至与标准电池相接,标准电池的电动势是已知的,而且保持恒定,设为 E;用同样方法可以找出另一点 H,使检流计中没有电流通过,AH 线段的电位差就等于 E。因为电位差与电阻线的长度成正比,故待测电池的电动势为 $E_x = E\dfrac{l_{AC}}{l_{AH}}$,调整工

图 3-27 对消法测量电动势的原理

作回路中的 R,可使电流控制在所要求的范围内,使 AB 上的电位降达到我们所要求的量程范围。

另外,当两种电极的不同电解质溶液接触时,在溶液的界面上总有液体接界电势存在。在电动势测量时,常应用"盐桥"使原来产生显著液体接界电势的两种溶液彼此不直接接界,降低液体接界电势到数量级"mV"以下。用得较多的盐桥有 KCl(3mol/L 或饱和)、KNO_3、NH_4NO_3 等溶液。

C 仪器和药品

(1)仪器:UJ-25 型高电势电势差计 1 台,检流计 1 台,标准电池 1 只,低压直流电源 1 台,滑线电阻(2000Ω)1 只,电流表(0~50mA)1 只,干电池(1.5V)2 节,电线若干,铜电极 1 支,锌电极 1 支,铂丝电极 2 支,铜片 1 块,电极管 3 只,电极架 3 支,镊子 1 只,针筒(1mL)1 支,烧杯(50mL) 3 只。

(2)药品:氯化钾溶液(饱和),硫酸锌溶液(0.1000mol/L),硫酸铜溶液(0.1000mol/L),硝酸亚汞溶液(饱和),纯汞,稀硫酸(3mol/L),硝酸(6mol/L),镀铜溶液(100mL 水中溶解 15g $CuSO_4 \cdot 5H_2O$、5g H_2SO_4、5g CH_3COOH)。

D 实验步骤

a 电极制备

(1)锌电极。将锌电极从电极管中取出,放入装有稀硫酸(约 3mol/L)的瓶中浸洗几秒钟,除掉锌电极上的氧化层。取出后用自来水洗涤,再用蒸馏水淋洗,然后浸入饱和硝酸亚汞溶液中 3~5s;取出后用滤纸或者棉花擦拭锌电极,使锌电极表面上有一层均匀的汞齐;再用蒸馏水洗净(汞有剧毒,用过的滤纸或者棉花不能乱丢,应放入指定的地方)。将处理好的锌电极直接插入电极管中,并将橡皮塞塞紧,以免漏气。然后用 50mL 小烧杯取 $ZnSO_4$ 溶液(0.1000mol/L)一杯,

将电极管的虹吸管插入小烧杯中,针筒从支管抽气,将溶液吸入电极管直至比浸没电极位置略高一点,停止抽气,旋紧螺旋夹。电极装好后,虹吸管内(包括管口)不能有气泡,也不能有漏液现象。

(2)铜电极。先用稀硝酸(约6mol/L)洗净铜电极表面的氧化物,再用蒸馏水淋洗,然后把它作为阴极,另取一块纯铜片作为阳极,在镀铜溶液内进行电镀,其装置如图 3-28 所示。电镀的条件是:电流密度为 25mA/cm² 左右,电镀时间为 20～30min。电镀铜溶液的配方见仪器与药品部分。

电镀后应使铜电极表面有一紧密的镀层,取出铜电极,用蒸馏水冲洗,插入电极管,按上述方法吸入浓度为0.1000mol/L的硫酸铜溶液。

(3)甘汞电极。甘汞电极的制备方法一般有研磨法和电解法两种。本实验采用电解法,首先在电极管中装入纯汞,汞的量要使汞面达到电极管的粗管部分,以使汞有较大的表面。插入铂丝电极(铂丝电极需全部插入汞中),并吸入饱和 KCl 溶液。将电极管按照图 3-29 所示装置后,以另一铂丝电极为阴极进行通电,控制电流到铂丝电极上有气泡逸出即可,通电时间约 30min,使汞面上镀一薄层甘汞。随后取下电极管,以饱和 KCl 溶液轻轻冲几次,再装满,即为饱和 KCl-甘汞电极。

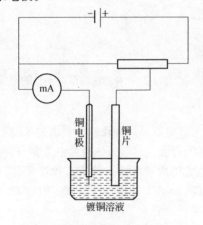

图 3-28　电镀铜的装置

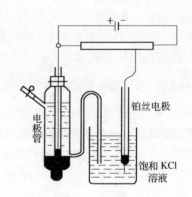

图 3-29　电镀法制备甘汞电极

其他浓度的甘汞电极也可按相同方法制备,但 KCl 溶液的浓度需相应变化。

b　电池电动势的测量

(1)按规定接好电势差计的测量电池电动势线路。

(2)以饱和 KCl 溶液为盐桥,按图 3-30 所示,分别将上面制备好的电极组成电池,并接入电势差计的测量端,测量其电动势。这些电池有:

1)$Zn \mid ZnSO_4(0.1000mol/L) \parallel KCl(饱和) \mid Hg_2Cl_2, Hg$

2)$Hg, Hg_2Cl_2 \mid KCl(饱和) \parallel CuSO_4(0.1000mol/L) \mid Cu$

3)$Zn \mid ZnSO_4(0.1000mol/L) \parallel CuSO_4(0.1000mol/L) \mid Cu$

E　关键操作及注意事项

(1)标准电池。1)使用温度为 4～40℃;2)正确连接正、负极;3)标准电池不能倒置;4)不能直接用万用电表测量其电动势;5)标准电池不能作为电源使用,测量时间必须短暂,以免电流过大而损坏电池。

(2)连接线路时,切勿将正、负极接反。

（3）测试时，必须先按下"粗"电键调零，然后再按下"细"电键精确测量，以免因电流过大而损坏检流计。

（4）铜电极镀铜时，电流密度不能过大，否则析出的铜呈松散状。

（5）实验中的废液、废物不能直接倒入水道，而应倒入废液桶，以便集中处理。

F 数据处理

（1）记录上列三组电池的电动势测定值。

（2）根据物理化学数据手册上的饱和甘汞电极的电极电势数据以及上述电池的电动势测定值，计算铜电极和锌电极的电极电势。

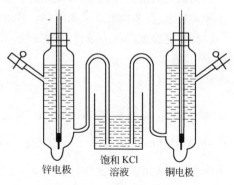

图 3-30 Cu-Zn 电池组合

（3）已知，25℃时 0.1000mol/L $CuSO_4$ 溶液中铜离子的平均离子活度系数为 0.16，0.1000mol/L $ZnSO_4$ 溶液中锌离子的平均离子活度系数为 0.15。根据上面所得的铜电极和锌电极的电极电势，计算铜电极和锌电极的标准电极电势，并与物理化学数据手册上所列的标准电极电势数据进行比较。

G 思考题

（1）为什么不能用伏特计测量电池电动势？

（2）对消法测量电池电动势的原理是什么？

3.12 实验12 表面张力的测定

A 实验目的

（1）了解溶液吸附对表面张力的影响；

（2）掌握最大气泡法测定溶液表面张力的原理和技术；

（3）掌握表面张力仪的使用；

（4）测定不同浓度乙醇溶液的表面张力。

B 实验原理

液体内部任何分子周围的吸引力是平衡的，而在液体表面层的分子却不相同。因为表面层的分子，一方面受到液体内层邻近分子的吸引，另一方面受到液面外部气体分子的吸引，而且前者的作用要比后者大。因此，在液体表面层中，每个分子都受到垂直于液面并指向液体内部的不平衡力，这种吸引力使表面层上的分子向内挤，使液体表面有自动缩小的趋势。要使液体的表面积增大，就必须反抗分子的内向力而做功，以增加分子的位能。所以，分子在表面层比在液体内部有更大的位能，这个位能就是表面自由能。通常把增大 $1m^2$ 表面所需的最大功 W 或增大 $1m^2$ 所引起的表面自由能的变化值 ΔG，称为单位表面的表面能，其单位为 J/m^2。而把液体限制在表面及力图使它收缩的单位直线长度上所作用的力，称为表面张力，用 σ 表示，其单位是 N/m。液体单位表面的表面能和它的表面张力在数值上是相等的。

欲使液体表面积增加 ΔA 时，所消耗的可逆功 W 为：

$$-W = \Delta G = \sigma \Delta A$$

液体的表面张力与温度有关，温度越高，表面张力越小。到达临界温度时，液体与气体之间没有界面，表面张力趋近于零。液体的表面张力也与液体的纯度有关，如果在纯净的液体（溶剂）中掺进杂质（溶质），表面张力就要发生变化，其变化的大小取决于溶质的本性和加入量的多少。

当加入溶质后,溶剂的表面张力要发生变化。把溶质在表面层中浓度与在本体溶液中浓度不同的现象,称为溶液的表面吸附。使表面张力降低的物质,称为表面活性物质。

在指定温度和压力条件下,表面吸附与溶液的表面张力及溶液的浓度,用吉布斯吸附公式(Gibbs)表示:

$$\Gamma = -\frac{c}{RT}\left(\frac{\mathrm{d}\sigma}{\mathrm{d}c}\right)_T \tag{3-26}$$

式中,Γ 为表面吸附量,$\mathrm{mol/m^2}$;σ 为表面张力,$\mathrm{N/m}$;c 为溶液浓度,$\mathrm{mol/L}$;R 为气体常数,$R = 8.314\mathrm{J/(mol \cdot K)}$。$\left(\frac{\mathrm{d}\sigma}{\mathrm{d}c}\right)_T$ 表示在一定温度下,表面张力随浓度的改变率。$\left(\frac{\mathrm{d}\sigma}{\mathrm{d}c}\right)_T < 0$,$\Gamma > 0$,表明加入溶质能降低溶剂的表面张力,溶液表面层的浓度大于内部的浓度,称为正吸附作用;$\left(\frac{\mathrm{d}\sigma}{\mathrm{d}c}\right)_T > 0$,$\Gamma < 0$,表明加入溶质能增加溶剂的表面张力,溶液表面层的浓度小于内部的浓度,称为负吸附作用。

因此,测定溶液的浓度和表面张力,可以求得不同浓度下溶液的表面吸附量。

本实验采用最大气泡法,其装置和原理如图 3-31 所示,当表面张力仪中的毛细管端面与待测液体液面相切时,液面即沿毛细管上升。

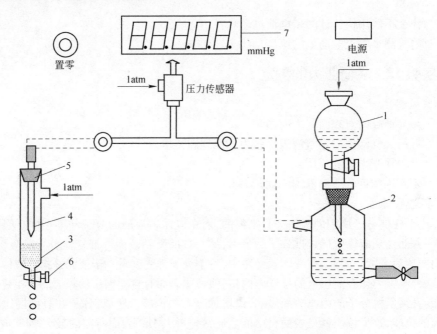

图 3-31 最大气泡法测定表面张力的实验装置图
1—滴液漏斗;2—磨口烧杯;3—表面张力管;4—毛细管;
5—橡皮塞;6—放水阀;7—数字式微压差测量仪

打开分液漏斗的活塞,使水缓慢下滴从而增加系统压力,这样,毛细管内液面上受到一个比试管中液面上更大的压力,当此压力差在毛细管端面上产生的作用力稍大于毛细管液面的表面张力时,气泡就从毛细管口逸出;形成最大气泡时(见图 3-32),压力差最大,压力差可由数字式微压差测量仪读出。

其关系为:$\Delta p = p_{系统} - p_{大气}$。如果毛细管的半径为 $r_{毛}$,则气泡由毛细管口逸出时受到向下的总压力为 $\pi r_{毛}^2 \Delta p$。

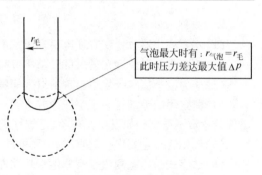

气泡最大时有:$r_{气泡} = r_{毛}$ 此时压力差达最大值 Δp

气泡在毛细管受到表面张力所引起的作用力为 $2\pi r_{毛} \sigma$。刚发生的气泡从毛细管口逸出时,上述两个压力相等,即:

$$\pi r_{毛}^2 \Delta p = 2\pi r_{毛} \sigma$$

$$\sigma = \frac{r_{毛}}{2}\Delta p \qquad (3-27)$$

图 3-32 最大气泡的形成

若用同一根毛细管,对于两种表面张力分别为 σ_1 和 σ_2 的液体而言,则有下列关系:

$$\sigma_1 = \frac{r_{毛}}{2}\Delta p_1 , \quad \sigma_2 = \frac{r_{毛}}{2}\Delta p_2$$

$$\sigma_2 = \frac{\Delta p_1}{\Delta p_2}$$

所以 $$\sigma_1 = K\Delta p_1 \qquad (3-28)$$

式中,K 为仪器常数。

因此,以已知表面张力的液体为标准,即可求得其他液体的表面张力。

C 仪器和药品

(1)仪器:最大气泡法表面张力仪 1 套,吸耳球 1 个,磨口烧杯(500mL)1 个,容量瓶(50mL)9 个,移液管(5mL、10mL)各 1 支,实验装置图(见图 3-31)。

(2)药品:纯水,乙醇(分析纯)。

D 实验步骤

(1)将磨口烧杯、毛细管用乳胶管连接好,连接处插入的深度大于 15mm。

(2)插上电源插头,打开电源开关,LED 显示屏即亮,初始显示忽略(过量程时显示"±1999"),2s 后正常显示。预热 5min 后,按下置零按钮使 LED 显示为"0000",表示此时系统大气压差为零。

(3)LED 显示值即为压力腔体的压力值,如果压力腔体的压力呈下降趋势,则出现的极大值保留显示约 1s。

(4)以水作为待测液测定仪器常数。方法是:将干燥的毛细管垂直地插入表面张力管中,直至毛细管的端面刚好与水面相切;打开滴液漏斗,控制滴液速度,使毛细管逸出气泡的速度约为 5~10s 1 个;在毛细管气泡逸出的瞬间最大压差(Δp)在 450~900Pa 范围内时(否则必须调换毛细管),可以通过手册(见附录 5)查出实验温度时水的表面张力 σ_0,利用公式 $K = \sigma_0/\Delta p$ 计算出仪器常数 K。

例如,17℃时水的表面张力 $\sigma_0 = 73.19 \times 10^{-3}$N/m,吸附压力 $\Delta p = 486$Pa,则仪器常数 $K = \sigma_0/\Delta p = 73.19 \times 10^{-3}/486 = 1.506 \times 10^{-4}$m。

(5)待测液的配制。取 8 个洁净的 50mL 容量瓶,用移液管依次移取 1mL、2mL、3mL、4mL、5mL、6mL、7mL、8mL 无水乙醇于 8 个容量瓶中;用蒸馏水定容至刻度,混匀备用。

(6)待测样品表面张力的测定。用待测溶液洗净试管和毛细管,加入适量待测样品于试管中,按照仪器常数测定的方法,测定已知浓度的待测样品的压力差,代入公式 $\sigma = K\Delta p$ 计算其表面张力。

E　关键操作及注意事项

(1)不要将仪器放置在有强电磁场干扰的区域内。

(2)不要将仪器放置在通风的环境中,尽量保持仪器附近的气流稳定。

(3)压力极小值与极大值出现的时间间隔不能太小,否则显示值将恒为极大值。

(4)测定用的毛细管一定要洗净并干燥,否则气泡可能不会连续稳定地流过,而使微压差测量仪的读数不稳定。如发生此现象,毛细管应重洗。

(5)毛细管一定要保持垂直,管口刚好插到与液面接触的位置。

(6)数字式微压差测量仪有峰值保持功能,最大压力会保持 1s 左右,应读出气泡逸出时的最大压差。

F　数据记录与处理

(1)由实验结果计算仪器常数。

实验温度＿＿＿＿＿＿＿＿℃,吸附压力 Δp ＿＿＿＿＿＿＿＿ Pa,

实验温度时纯水的表面张力 σ_0(查表)＿＿＿＿＿＿＿＿ N/m,

仪器常数 $K = \sigma_0 / \Delta p = $ ＿＿＿＿＿＿＿＿。

(2)实验数据的记录(将实验数据填写于表 3-17 中)及不同浓度溶液表面张力 σ 的计算。

表 3-17　实验数据记录表

实验编号	乙醇的体积分数/%	附加压力读数 Δp/Pa	表面张力 $\sigma = K\Delta p$/N·m^{-1}
1	2		
2	4		
3	6		
4	8		
5	10		
6	12		
7	14		
8	16		

(3)根据上述计算结果,绘制 σ-c 等温线。

(4)由 σ-c 等温线作出不同浓度的切线并求出 Γ,然后作出 Γ-c 等温吸附线。

(5)分别作出 25℃、35℃时的 Γ-c 等温吸附线,并比较说明温度的影响。

G　思考题

(1)用最大气泡法测量表面张力时,为什么要读取最大压差?

(2)滴液漏斗的放液速度对本实验有何影响?

(3)本实验为何要测定仪器常数,仪器常数与温度有关系吗?

(4)如果毛细管端口插入液面有一定深度,对实验数据有何影响?

(5)影响本实验结果的主要因素是什么?

3.13　实验13　乙酸乙酯皂化反应速率常数的测定

A　实验目的

(1)了解电导法测定化学反应速率常数的原理;

(2)学会用图解法求二级反应的速率常数,并会计算该反应的活化能;

(3)熟悉电导率仪和恒温槽的使用方法。

B　实验原理

乙酸乙酯皂化反应是一个典型的二级反应：

$$CH_3COOC_2H_5 + NaOH \longrightarrow CH_3COONa + C_2H_5OH$$

设反应物 $CH_3COOC_2H_5$ 和 NaOH 的起始浓度均为 c_0，在 t 时刻时生成物的浓度为 x，则该反应的速率方程为：

$$\frac{dx}{dt} = k(c_0 - x)^2 \tag{3-29}$$

积分上式得：

$$k = \frac{1}{tc_0} \cdot \frac{x}{c_0 - x} \tag{3-30}$$

显然，只要知道 t 时 x 的值，就可以求出反应速率常数 k。

本实验中做了两个假定：(1) CH_3COONa 全部电离，因为 CH_3COONa 溶液是比较稀的溶液；(2)体系电导值的减少量与 CH_3COO^- 浓度的增加量成正比，因为在溶液中有 Na^+、OH^- 和 CH_3COO^- 参与导电，而 Na^+ 浓度不变，OH^- 的迁移率比 CH_3COO^- 的迁移率大得多，溶液的电导值会随着反应的进行而下降，因此，在一定范围内，可以认为体系电导值的减少量和醋酸钠的浓度增量成正比。设 $t = 0$ 时溶液的电导为 G_0，t 时刻的电导为 G_t，反应进行完全时的电导为 G_∞ ($t \rightarrow \infty$)，则：

$$t = t \text{ 时} \quad x = K(G_0 - G_t)$$
$$t \rightarrow \infty \text{ 时} \quad c_0 = K(G_0 - G_\infty)$$

式中，K 是与温度、溶剂和电解质性质有关的比例常数，因此：

$$\frac{c_0}{x} = \frac{G_0 - G_\infty}{G_0 - G_t}$$

将此式代入式(3-30)得：

$$k = \frac{1}{tc_0} \cdot \frac{G_0 - G_t}{G_t - G_\infty}$$

整理上式得：

$$G_t = \frac{1}{c_0 k} \cdot \frac{G_0 - G_t}{t} + G_\infty \tag{3-31}$$

以 G_t 对 $(G_0 - G_t)/t$ 作图可得一条直线，直线斜率为 $1/(c_0 k)$，由此可求得反应速率常数 k。如果测定出不同温度下乙酸乙酯皂化反应的速率常数，即可以根据阿累尼乌斯公式求出乙酸乙酯皂化反应的活化能，即：

$$\ln \frac{k_2}{k_1} = \frac{E_a}{R} \cdot \frac{T_2 - T_1}{T_1 T_2} \tag{3-32}$$

式中，E_a 为反应的表观活化能，R 为气体常数。测定不同温度下的 k 值，就可以求出 E_a。

C　仪器和药品

(1)仪器：电导率仪 1 台，电导管 1 支，恒温槽 1 套，秒表 1 块，称量瓶 1 只，吸耳球 1 个，容量瓶(100mL)1 个，移液管(10mL)2 个，烧杯(100mL、250mL)各 1 个。

(2)药品：NaOH 水溶液(0.0200mol/L)，乙酸乙酯(分析纯)，蒸馏水。

D　实验步骤

(1)调节恒温槽的温度为 25℃，打开电导率仪开关，预热电导率仪 10min。

(2)配制 0.0200mol/L 的乙酸乙酯溶液。在分析天平上,于 100mL 容量瓶中迅速称取 0.1762~0.1770g 乙酸乙酯,立即加蒸馏水定容。

(3)G_0 的测定。将 3 支平底电导管洗净、烘干,在一支电导管中用移液管移取 10.00mL 蒸馏水和 10.00mL 0.0200mol/L NaOH 标准溶液,混匀后连同电导电极置于 25℃ 恒温槽中恒温 10min,测定其电导 G_0;然后取出电导电极,用无孔橡皮塞塞好试管,留待测定 35℃ 时的 G_0(注意:电导电极需用蒸馏水洗净后,用吸水纸吸干,涂铂黑的一面不能用吸水纸擦,以免擦掉铂黑)。

(4)G_t 的测定。用移液管移取 10.00mL 0.0200mol/L NaOH 标准溶液于另一支电导管中,连同电导电极置于恒温槽中恒温 10min,盛有 0.0200mol/L 乙酸乙酯溶液的容量瓶也放入恒温槽中恒温 10min;用移液管移取 10.00mL 乙酸乙酯溶液于 NaOH 溶液中,当乙酸乙酯溶液加到一半时开始记时;待乙酸乙酯全部加入后,迅速摇匀电导管,放回恒温槽,5min 后测定电导;以后每隔 5min 测定一次混合溶液的电导 G_t,将数据记录于表格中(注意:每次读数前都要校正一次电导率仪的读数)。

(5)调节恒温槽的温度到 35℃,按照同样的方法测定不同时刻的电导 G_t 和 G_0。

(6)实验结束后,要关闭电源,倒去反应液,取出电极并用蒸馏水洗净,将电极浸入蒸馏水中。

E 关键操作及注意事项

(1)本实验需用蒸馏水,并避免接触空气及防止灰尘杂质落入。

(2)配好的 NaOH 溶液要防止空气中的 CO_2 气体进入。

(3)乙酸乙酯溶液和 NaOH 溶液的浓度必须相同。

(4)乙酸乙酯溶液需临时配制,配制时动作要迅速,以减少挥发损失。

F 数据记录与处理

(1)G_0 的测定。将数据记录如下:

25℃ 时的 $G_0 =$ _____ S,35℃ 时的 $G_0 =$ _____ S。

(2)25℃ 时 G_t 的测定。将实验数据填入表 3-18 中。

表 3-18 25℃时 G_t 的测定实验数据表

t/min	G_t/S	$G_0 - G_t$/S	$\dfrac{G_0 - G_t}{t}$/S $\cdot$ min^{-1}
5			
10			
15			
20			
25			
30			
35			
40			
45			

（3）35℃时 G_t 的测定。将实验数据填入表 3-19 中。

表 3-19 35℃时 G_t 的测定实验数据表

t/min	G_t/S	$G_0 - G_t/S$	$\dfrac{G_0 - G_t}{t}/S \cdot min^{-1}$
5			
10			
15			
20			
25			
30			
35			
40			

（4）反应级数的测定。以 G_t 对 $(G_0 - G_t)/t$ 作图，若得一直线，即可以证明乙酸乙酯皂化反应为二级反应。根据所作直线的斜率，分别计算 25℃ 和 35℃ 时的反应速率常数 k_1、k_2。

（5）活化能的测定。根据 k_1、k_2 的值，代入式（3-32）中，计算反应的活化能 E_a。

G 思考题

（1）如果 NaOH 和 $CH_3COOC_2H_5$ 的起始浓度不相等，试问应怎样计算 k 值？

（2）如果 NaOH 与 $CH_3COOC_2H_5$ 溶液为浓溶液，能否用此法求 k 值，为什么？

（3）为什么速率常数 k 的表示式中，浓度项可用溶液电导的变化来表示？

（4）在保证电导与离子浓度成正比的前提下，浓度高些好还是低些好？

3.14 实验 14 蔗糖水解反应速率常数的测定

A 实验目的

（1）了解该反应的反应物浓度与旋光度之间的关系；

（2）了解旋光仪的基本原理，掌握旋光仪的正确使用方法；

（3）学会测定蔗糖水解反应速率常数和半衰期。

B 实验原理

蔗糖在水中转化成葡萄糖与果糖，其反应为：

$$C_{12}H_{22}O_{11} + H_2O \xrightarrow{H^+} C_6H_{12}O_6 + C_6H_{12}O_6$$
$$\text{（蔗糖）} \qquad\qquad \text{（葡萄糖）} \quad \text{（果糖）}$$

该反应属于二级反应，在纯水中此反应的速率极慢，通常需要在 H^+ 催化作用下进行。由于反应时水大量存在，尽管有部分水分子参与反应，但仍可近似地认为整个反应过程中水的浓度是恒定的，而且 H^+ 是催化剂，其浓度也保持不变。因此，蔗糖转化反应可看作一级反应。

一级反应的速率方程可由下式表示：

$$-\frac{dc}{dt} = kc \tag{3-33}$$

式中，c 为 t 时刻的反应物浓度；k 为反应速率常数。

积分可得：

$$\ln c = -kt + \ln c_0 \tag{3-34}$$

式中，c_0 为反应开始时的反应物浓度。

一级反应的半衰期为：

$$t_{1/2} = \frac{\ln 2}{k} = \frac{0.693}{k} \tag{3-35}$$

由此可知，一级反应的半衰期只取决于反应速率常数 k，而与起始浓度无关。

从式(3-34)中我们不难看出，在不同时间测定反应物的相应浓度，是可以求出反应速率常数 k 的。然而，反应是在不断进行的，要快速分析出反应物的浓度是困难的。但是，蔗糖及其转化产物都具有旋光性，而且它们的旋光能力不同，故可以利用体系在反应进程中旋光度的变化来度量反应进程。

测量物质旋光度所用的仪器称为旋光仪。溶液的旋光度与溶液中所含旋光物质的旋光能力、溶剂性质、溶液浓度、样品管长度(液层厚度)、光源的波长及温度等均有关系。当其他条件均固定时，旋光度 α 与反应物浓度 c 呈线性关系，即：

$$\alpha = Kc \tag{3-36}$$

式中，比例常数 K 与物质旋光能力、溶剂性质、样品管长度、温度等有关。为了比较各种物质的旋光能力，引入了比旋光度 $[\alpha]$ 这一概念。比旋光度用式(3-37)表示：

$$[\alpha]_D^t = \frac{\alpha \cdot 100}{l \cdot c_A} \tag{3-37}$$

式中，t 为实验温度，℃；D 为所用光源的波长，nm，用钠灯光源时的波长为589nm；α 为测得的旋光度，(°)(单位也可省去)；l 为样品管长度，dm；c_A 为浓度，g/100mL。作为反应物的蔗糖是右旋性物质，其比旋光度 $[\alpha]_D^{20} = 66.6(20℃)$；生成物中的葡萄糖也是右旋性物质，其比旋光度 $[\alpha]_D^{20} = 52.5$，但果糖是左旋性物质，其比旋光度 $[\alpha]_D^{20} = -91.9$。由于生成物中果糖的左旋性比葡萄糖的右旋性大，所以生成物呈左旋性质。因此，随着反应的进行，体系的右旋角不断减小，反应至某一瞬间时，体系的旋光度可恰好等于零，而后就变成左旋，直至蔗糖完全转化，这时左旋角达到最大值 α_∞。

设最初系统($t = 0$，蔗糖尚未水解)的旋光度为：

$$\alpha_0 = K_{反} c_{A,0} \tag{3-38}$$

最终系统($t = \infty$，蔗糖已完全水解)的旋光度为：

$$\alpha_\infty = K_{生} c_{A,0} \tag{3-39}$$

当时间为 t 时，蔗糖浓度为 c_A，此时旋光度为 α_t：

$$\alpha_t = K_{反} c_A + K_{生} (c_{A,0} - c_A) \tag{3-40}$$

联立式(3-38)~式(3-40)可得：

$$c_{A,0} = \frac{\alpha_0 - \alpha_\infty}{K_{反} - K_{生}} = K(\alpha_0 - \alpha_\infty) \tag{3-41}$$

$$c_A = \frac{\alpha_t - \alpha_\infty}{K_{反} - K_{生}} = K'(\alpha_t - \alpha_\infty) \tag{3-42}$$

将式(3-41)、式(3-42)代入速率方程，即得：

$$\ln(\alpha_t - \alpha_\infty) = -kt + \ln(\alpha_0 - \alpha_\infty) \tag{3-43}$$

我们以 $\ln(\alpha_t - \alpha_\infty)$ 对 t 作图，可得一直线，从直线的斜率可求得反应速率常数 k，也可进一步求算出 $t_{1/2}$。

C 仪器和药品

(1)仪器:旋光仪(配恒温箱)1台,移液管(25mL),1支,旋光管(恒温水外套)1支,容量瓶(50mL)1个,恒温水槽1套,锥形瓶(100mL)1支,秒表1支,托盘天平1台。

(2)药品:蔗糖(分析纯),HCl溶液(2mol/L)。

D 实验步骤

(1)将恒温槽调节到20℃并恒温,然后将旋光管的外套接上恒温水。

(2)旋光仪零点的校正。蒸馏水为非旋光性物质,可用来校正仪器的零点(即 $\alpha = 0°$ 时,仪器对应的刻度)。用蒸馏水校正仪器零点的方法如下:洗净样品管,将样品管一端的盖子打开,装入去离子水,使液体形成一凸液面;然后盖上玻璃片,此时管内不应有空气泡存在;再旋上套盖,使玻璃片紧贴旋光管,勿使其漏水(必须注意:旋紧套盖时不能用力过猛,以免压碎玻璃片,用滤纸擦干样品管,再用擦镜纸将样品管两端的玻璃片擦干净);放入旋光仪,盖上盖槽,盖上黑布,打开电源开关,预热5~10min,使钠灯发光正常;调目镜聚焦,使视野清晰;调检偏镜至三分视野的暗度相等为止(注意:在暗视野下进行测定);记下刻度盘读数,重复操作三次,取其平均值,此值即为旋光仪的零点。测后取出旋光管,倒出蒸馏水。

(3)蔗糖水解反应及反应过程旋光度的测定。取10g蔗糖溶于蒸馏水中,用50mL容量瓶配制成溶液(若溶液浑浊,需进行过滤)。用移液管移取25mL蔗糖溶液和50mL 2mol/L HCl溶液,分别注入两个100mL干燥的锥形瓶中,并将两个锥形瓶同时置于恒温槽中恒温15min。然后取25mL 2mol/L HCl溶液加到蔗糖溶液中,并在HCl溶液加入一半时开始计时,作为反应开始的时间。不断振荡摇动,迅速取少量的混合清液并清洗旋光管两次,将反应混合液装满旋光管,盖好玻璃片,旋紧套盖(检查是否漏液、有无气泡),擦净两端的玻璃片后,立刻放入旋光仪,测定规定时间的旋光度(测得第一个数据的时间应该为反应开始的前3min内)。测定时要迅速、准确,当将三分视野暗度调节至相同后,先记下时间,再读取旋光度值。可在测定第一个旋光度数值之后的5min、10min、15min、20min、30min、50min、75min、100min时,各测定一次旋光度。

(4)α_∞ 的测量。将步骤(3)中的剩余混合液置于60℃左右的水浴中并恒温30 min,然后冷却至实验温度,测定的旋光度值即为 α_∞,连续读数三次并取其平均值。

E 关键操作及注意事项

(1)使用旋光仪时,必须校正零点,旋光管中不可以有气泡或应使气泡尽量小。

(2)在进行蔗糖水解反应过程旋光度的测定中,测定20min之后的各测定点之间,要关闭钠光灯,避免因长期过热使用而损坏;但下一次测量之前要提前3~5min打开钠光灯,使光源稳定。

(3)测量 α_∞ 结束后,由于反应液的酸度很大,因此样品管一定要擦干净后才能放入旋光仪内,以免酸液腐蚀旋光仪。实验结束后必须洗净旋光管,同时移液管、锥形瓶和容量瓶等也要冲洗干净。

F 实验数据记录和处理

a 数据记录

将实验数据记录于表3-20中。

表3-20 实验数据记录表

实验温度_____℃,盐酸浓度_____mol/L,零点_____,α_∞_____(°)

t/min	α_t/(°)	$\alpha_t - \alpha_\infty$/(°)	$\ln(\alpha_t - \alpha_\infty)$	k

本实验的文献值列在表 3-21 中。

表 3-21 温度与盐酸浓度对蔗糖水解速率常数的影响

$c_{HCl}/mol \cdot L^{-1}$	$k \times 10^3/min^{-1}$		
	298.2K	308.2K	318.2K
0.0502	0.4169	1.738	6.213
0.2512	2.255	9.355	35.85
0.4137	4.043	17.00	60.62
0.9000	11.16	46.76	148.8
1.214	17.455	75.97	

注:E_a 为活化能,$E_a = 108kJ/mol$。

b 数据处理

(1)用 $\ln(\alpha_t - \alpha_\infty)$ 对 t 作图,由直线斜率求出反应速率常数 k。

(2)由截距 $\ln(\alpha_0 - \alpha_\infty)$ 求得 α_0。

(3)计算蔗糖水解反应的半衰期。

$$t_{1/2} = \frac{\ln 2}{k} = \frac{0.693}{k}$$

G 思考题

(1)为什么可用蒸馏水校正旋光仪的零点,本实验若不进行校正,对实验结果是否有影响?

(2)配制蔗糖溶液时,为什么可以用托盘天平称量?

3.15 实验 15 溶胶的制备与性质

A 实验目的

(1)了解溶胶制备的基本原理,并掌握制备溶胶的主要方法;

(2)进一步理解溶胶的性质;

(3)了解影响溶胶稳定性的主要因素。

B 实验原理

溶胶是指极细的固体颗粒分散在液体介质中的分散体系,其颗粒大小约在 $1 \sim 100nm$ 之间。要制备出比较稳定的溶胶,一般需满足两个条件:

(1)固体分散相的质点大小必须在胶体分散度的范围内;

(2)固体分散质点在液体介质中要保持分散而不聚结,为此,一般需加稳定剂。

制备溶胶在原则上有两种方法:分散法和凝聚法。

(1)分散法。分散法是将大块固体分割到胶体分散度的大小来制备胶体的方法。分散法主要有 3 种方式,即机械研磨、超音分散和胶溶分散。

(2)凝聚法。凝聚法是使小分子或离子聚集成胶体大小来制备胶体的方法。主要有化学反应法及更换介质法。溶液和粗分散体系相比,具有不同的性质,这种性质主要有动力性质(包括布朗运动、扩散与沉降等)、光学性质(包括光散射现象等)、流变性质、电性质、表面性质以及由许多性质所决定的稳定性。

C 仪器和药品

(1)仪器:丁达尔灯 1 台,电泳仪 1 套,显微镜 1 台,滴定管 1 支,烧杯 4 只,试管若干,量筒,锥形瓶(100mL)5 只,移液管(10mL、5mL、2mL)各 5 支。

(2)药品:2% 的 $FeCl_3$ 稀溶液,氢氧化钠,硫黄粉,尿素(固体),95% 的乙醇,1mol/L 的 H_2SO_4 溶液,1mol/L 的 $Na_2S_2O_3$ 溶液,0.01mol/L 的 As_2O_3 溶液,H_2S 饱和溶液,0.02mol/L 的 $AgNO_3$ 溶液,0.02mol/L 的 KI 溶液,0.5mol/L 的 $AlCl_3$ 溶液,0.5mol/L 的 $BaCl_2$ 溶液,0.5mol/L 的 NaCl 溶液,0.5mol/L 的 Na_2SO_4 溶液,0.5mol/L 的 Na_2HPO_4 溶液,苯。

D 实验步骤

a 溶胶的制备

(1)氢氧化铁 $Fe(OH)_3$ 溶胶的制备。取 250mL 烧杯加入蒸馏水 150mL,小火加热至沸腾,然后用滴管逐滴均匀加入 2% $FeCl_3$ 稀溶液,直至得到棕红色透明的 $Fe(OH)_3$ 溶胶,停止加热,留作备用。

(2)硫溶胶的制备(分散法)。取少量硫黄放在试管中并加入 2mL 酒精,加热至沸腾,使硫黄充分溶解。趁热将上部清液倒入盛有 20mL 水的烧杯中并搅动,即得到硫溶胶。应注意观察硫溶胶出现的现象。

(3)硫溶胶的制备(凝聚法)。取 1mL 浓度为 1mol/L 的 H_2SO_4 溶液和 1mL 浓度为 1mol/L 的 $Na_2S_2O_3$ 溶液,然后将两溶液各冲稀到 10mL 后混合,待观察到溶液开始混浊时,倒入一支干净的试管中,透过光线观察溶胶颜色的变化。当溶胶混浊程度增加到盖住颜色时(约需几分钟),再把溶液冲稀 1 倍,继续观察溶胶的颜色变化,记下溶胶颜色随时间变化的情况。

(4)硫化砷(As_2S_3)溶胶的制备。取 100mL 0.01mol/L 的 As_2O_3 溶液与 100mL 新配制的 H_2S 饱和水溶液,在烧杯中混合并搅拌;然后将溶胶煮沸 2～3min,以除去过量的 H_2S。将此 As_2S_3 溶胶倒入锥形瓶中保存待用(As_2S_3 溶胶的制备最好在通风橱中进行)。

(5)碘化银(AgI)溶胶的制备(凝聚法)。在两锥形瓶中分别准确地加入 5mL 0.02mol/L 的 KI 和 5mL 0.02mol/L 的 $AgNO_3$ 溶液;然后,在盛有 KI 溶液的瓶中用滴定管准确地滴加 4.5mL 0.02mol/L 的 $AgNO_3$ 溶液;在另一个盛有 $AgNO_3$ 溶液的瓶中,再准确地滴加 4.5mL 0.02mol/L 的 KI 溶液。观察这两个锥形瓶中 AgI 溶胶透射光及散射光颜色的变化。

b 溶胶的性质

(1)丁达尔(Tyndall)现象。用丁达尔灯照射上述制备的 $Fe(OH)_3$ 溶胶,于暗室中观察溶胶的丁达尔现象。

(2)布朗(Brown)运动。在一干净的凹形载片上,放几滴制备好的溶胶(注意:所滴溶胶要稀释到合适的浓度后才利于观察),盖上玻璃盖片,应避免有气泡;然后,在带有暗视野的显微镜下进行观察,可以看到溶胶质点所发出的散射光点不停地做布朗运动。若图像不清晰,则最好用油镜头进行观察。

(3)溶胶的电泳。

1)取备用 $Fe(OH)_3$ 溶胶 70mL 于烧杯中,加入 8g 尿素(固体),搅拌使其溶解;

2)上述 $Fe(OH)_3$ 溶胶加至 U 形管 2/3 处,并做标记;

3)向 U 形管两端各加入约 1cm 厚的苯层;

4)向 U 形管两端缓缓滴加 NaCl 溶液,使 NaCl 溶液层的厚度达 3cm 左右;

5)将电极插入 NaCl 液层(注意:不应使电极触及溶胶),接通电源,装置示意图如图 3-33 所示。将电泳仪的电压调整为 50V,10min 后观察正、负极附近溶胶的界面、颜色等变化,指出胶粒电泳

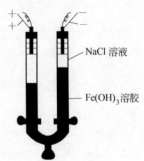

NaCl 溶液

$Fe(OH)_3$ 溶胶

图 3-33 电泳装置示意图

的方向,并写出胶团结构式。

c　溶胶的稳定性

(1)As_2S_3 溶胶聚沉值的测定。将前面已制好的 As_2S_3 溶胶用移液管分别取出 10mL,放到 5 个干净的 100mL 锥形瓶中,以浓度均为 0.5mol/L 的 $AlCl_3$、$BaCl_2$、$NaCl$、Na_2SO_4、Na_2HPO_4 等溶液分别滴定 As_2S_3 溶胶,直到 As_2S_3 溶胶刚变混浊时为止,记下此时所需电解质的体积(mL),计算聚沉值。

(2)溶胶的相互聚沉作用。取 10mL As_2S_3 溶胶放入一干净的试管中,再加入 10mL $Fe(OH)_3$ 溶胶,观察 As_2S_3 溶胶发生的变化和 $Fe(OH)_3$ 溶胶的凝聚现象,并记录。

E　思考题

(1)什么是溶胶,溶胶常用的制备方法有哪几种?

(2)为什么会存在胶体的动力学性质、光学性质?

(3)什么是溶胶的稳定性,其影响因素有哪些?

3.16　实验16　阳极极化曲线的测定

A　实验目的

(1)掌握用恒电位法测定金属极化曲线的原理和方法;

(2)了解极化曲线的意义和应用;

(3)测定碳钢在碳酸铵溶液中的阳极极化曲线。

B　实验原理

a　电极过程的机理

为了探索电极过程的机理及影响电极过程的各种因素,必须对电极过程进行研究,而在该研究过程中,极化曲线的测定又是重要的方法之一。

在研究可逆电池的电动势和电池反应时,电极上几乎没有电流通过,每个电极或电池反应都是在无限接近于平衡状态下进行的,因此,电极反应是可逆的。但当有电流明显地通过电池时,电极的平衡状态被破坏,此时的电极反应处于不可逆状态;随着电极上电流密度的增加,电极反应的不可逆程度也随之增大。

在有电流通过电极时,由于电极反应的不可逆而使电极电位偏离平衡值的现象,称为电极的极化。根据实验测出的数据来描述电流密度(j)与电极电位(φ)之间关系的曲线,称为极化曲线,如图 3-34 所示。

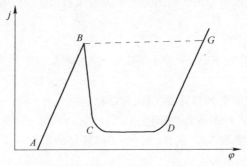

图 3-34　金属阳极极化曲线

AB—活性溶解区;*B*—临界钝化点;*BC*—过渡钝化区;

CD—稳定钝化区;*DG*—超(过)钝化区

金属的阳极过程是指金属作为阳极时在一定的外电势下发生的阳极溶解过程,如下式所示:

$$M \longrightarrow M^{n^+} + ne$$

此过程只有在电极电位高于其热力学电位时,才能发生。阳极的溶解速度随电位变正而逐渐增大,这是正常的阳极溶出。但当阳极电位正到某一数值时,其溶解速度达到一个最大值,而此后的阳极溶解速度随着电位变正反而大幅度地降低,这种现象称为金属的钝化现象。

图 3-34 所示的曲线表明,电位从 A 点开始上升(即电位向正方向移动),电流密度也随之增加;电位超过 B 点以后,电流密度迅速减至很小,这是因为在金属表面上生成了一层高电阻、耐腐蚀的钝化膜;到达 C 点以后,电位再继续上升,电流仍保持在一个基本不变的很小的数值上;电位升到 D 点时,电流又随电位的上升而增大。

b 影响金属钝化过程的几个因素

金属钝化现象是十分常见的,人们已对它进行了大量的研究工作。影响金属钝化过程及钝态性质的因素,可归纳为以下几点:

(1)溶液的组成。溶液中存在的 H^+、卤素离子以及某些具有氧化性的阴离子,对金属的钝化现象起着颇为显著的影响。在中性溶液中,金属一般是比较容易钝化的,而在酸性溶液或某些碱性溶液中则要困难得多,这是与阳极反应产物的溶解度有关的。卤素离子,特别是氯离子的存在则会明显阻止金属的钝化过程,已经钝化了的金属也容易被它破坏(活化),而使金属的阳极溶解速率重新增加。溶液中存在某些具有氧化性的阴离子(如 CrO_4^{2-})时,则可以促进金属的钝化。

(2)金属的化学组成和结构。各种纯金属的钝化能力很不相同,以铁、镍、铬三种金属为例,铬最容易钝化,镍次之,铁的钝化能力较差些。因此,添加铬、镍可以提高钢铁的钝化能力,不锈钢材是一个极好的例子。一般来说,在合金中添加易钝化的金属时,可以大大提高合金的钝化能力及钝态的稳定性。

(3)外界因素(如温度、搅拌等)。一般来说,温度升高以及搅拌加剧可以推迟或防止钝化过程的发生,这明显与离子的扩散有关。

c 极化曲线的测量

研究金属的阳极溶解及钝化通常采用两种方法,即控制电位法和控制电流法。由于控制电位法能测得完整的阳极极化曲线,因此,在金属钝化现象的研究工作中,它比控制电流法更能反映电极的实际过程。对于大多数金属来说,都是用控制电位法来测得阳极极化曲线。

控制电位法测量极化曲线时一般采用恒电位仪,它能将研究电极的电位恒定地维持在所需数值,然后测量对应于该电势下的电流。由于电极表面状态在未建立稳定状态之前,电流会随时间而改变,故一般测出的曲线为“暂态”极化曲线。在实际测量中,常采用的控制电位测量方法有下列两种。

(1)静态法。将电极电位较长时间地维持在某一恒定值,同时测量电流随时间的变化,直到电流值基本上达到某一稳定值。如此逐点地测量各电极电位(如每隔 20mV、50mV 或 100mV 测量一次)下的稳定电流值,以获得完整的极化曲线。

(2)动态法。控制电极电位以较慢的速度连续地改变(扫描),测量对应电位下的瞬时电流值,并以瞬时电流与对应的电极电位作图,获得整个的极化曲线。所采用的扫描速度(即电位变化的速度)需要根据研究体系的性质选定,一般来说,电极表面建立稳态的速度越慢,则扫描速度也应该越慢,这样才能使所测得的极化曲线与静态法的曲线接近。

上述两种方法都已经获得了广泛的应用。从其测量结果的比较可以看出,静态法测量的结果虽然比较接近于稳态值,但测量的时间较长,例如,对于钢铁等金属及其合金,为了测量钝态区的稳态电流,往往需要在每一个电位下等待几个小时甚至几十个小时,所以在实际工作中,常常采用动态法来测量。本实验也采用动态法。

C 仪器和药品

(1)仪器:恒电位仪 1 台,数字电压表 1 只,电磁搅拌器 1 台,饱和甘汞电极(参比电极)1 只,碳钢电极(研究、辅助电极)2 只,三室电解池 1 套。

(2)药品:2mol/L(NH_4)$_2CO_3$ 溶液,0.5mol/L H_2SO_4 溶液,0.5mol/L H_2SO_4 与 5.0 ×10^{-3} mol/L KCl 的混合溶液,0.5mol/L H_2SO_4 与 0.1mol/L KCl 的混合溶液,丙酮。

D 实验步骤

a 碳钢在碳酸铵溶液中的极化曲线

(1)用金相砂纸将研究电极擦至镜面光亮,放在丙酮中除去油污,留下 1cm^2 的面积,用石蜡涂抹剩余面积,以作备用。

(2)向小烧杯中注入 0.5mol/L 的硫酸溶液,以一铁板为阳极,以研究电极为阴极,控制电流密度为 5mA/cm^2,电解 10min 以除去电极氧化膜,最后用蒸馏水洗净备用。

(3)将 2mol/L 的(NH_4)$_2CO_3$ 溶液倒入电解池内,按图 3-35 所示安装好电极,并与恒电位仪接线柱相连;通电前,在溶液中通 $N_2$5 ~ 10min,以除去溶液中的氧。

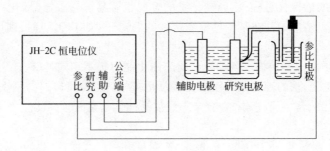

图 3-35 实验装置图

(4)恒电位法测定阴极和阳极的极化曲线。开启恒电位仪,先测参比电极对研究电极的自腐电位(电压表显示数字应在 0.8V 以上者方为合格,否则需要重新处理研究电极),然后恒定电位从 +1.2V 开始,每次改变 0.02V,并测其相应的电流值,至表头电压为 −1.0V 为止(注意:电压表上显示的电位数字符号与实际实验值相反)。

(5)恒电流法测量阳极极化曲线。更换新的(NH_4)$_2CO_3$ 溶液,电极处理方法同前。待自腐电位合格后,恒定电流值从 0 开始,每次改变 0.5mA,并测其相应的电位值,直到所测电位突跃后再测数个实验点为止。

b 镍在硫酸溶液中的钝化行为

本实验首先测量镍在硫酸溶液中的阳极极化曲线,再观察氯离子对镍阳极钝化的影响。具体实验步骤如下:

(1)了解仪器的线路及装置,并将线路接好,请教师检查。

(2)洗净电解池,注入 0.5mol/L H_2SO_4 溶液,并安装好辅助电极(石墨电极)、盐桥和参比电极(饱和甘汞电极)等。

(3)将研究电极(镍棒电极)用金相砂纸将端面擦至镜面光亮,然后在丙酮中清洗除油,再用 0.5mol/L H_2SO_4 溶液冲洗后,即可置于电解池中。打开电磁搅拌器,在搅拌中通入洁净的 N_2,除氧 10min。

(4)打开恒电位仪的电源开关,预热 15min,将恒电位仪调整好。

(5)从给定电位等于自腐电位开始,连续改变阳极电位,直到 O_2 在研究电极表面大量析出(约 1.7V)为止,同时记录电极电位(每隔 0.02V 左右读一次数)和相应的电流值。

(6)一系列数据记完之后,先关掉数字电压表,再将恒电位仪的电源开关转向"关",然后才能拆线路(这样做是为了保护仪器)。

(7)更换溶液和重新处理研究电极。使 Ni 电极依次在 0.5mol/L H_2SO_4 与 5.0×10^{-3} mol/L KCl 的混合溶液和 0.5mol/L H_2SO_4 与 0.1mol/L KCl 的混合溶液中进行阳极极化。重复上述步骤,并同样记录电极电位及相应的电流值。

(8)实验完毕,先关掉数字电压表,然后关掉恒电位仪电源,再取出电极,清洗仪器。

E 关键操作及注意事项

(1)按照实验要求,严格进行电极处理;

(2)注意电流表量程的选择,避免过载现象的发生;

(3)实验前,必须先测参比电极对研究电极的自腐电位,合格时方能开始实验。

F 数据记录和数据处理

(1)将实验数据列成表格。

(2)以电流密度为纵坐标,以电极电位(相对于参比电极)为横坐标,绘出阴极和阳极的极化曲线。

(3)讨论所得实验结果及曲线的意义,指出 $\varphi_{钝化}$ 及 $j_{钝化}$ 的值。

G 思考题

(1)比较恒电位法和恒电流法所得到的极化曲线有何异同,并说明原因。

(2)测定阳极极化曲线为什么要用恒电位法?

(3)做好本实验的关键是什么?

3.17 实验 17 电导率法测定弱电解质的离解平衡常数

A 实验目的

(1)进一步理解电解质溶液的电导率、摩尔电导率的定义;

(2)了解离解平衡常数与电导的关系;

(3)掌握 DDS-11A 型电导率仪的使用方法;

(4)学会用电导率法测定醋酸的离解平衡常数。

B 实验原理

醋酸在水溶液中达到离解平衡时,其离解平衡常数 $K_{HAc}^{\ominus}$ 与浓度 c 及离解度 α 有如下关系:

$$K_{HAc}^{\ominus} = \frac{\alpha^2}{1-\alpha} \cdot \frac{c}{c^{\ominus}} \tag{3-44}$$

在一定温度下,$K_{HAc}^{\ominus}$ 是一个常数,因此,可通过测定醋酸在不同浓度下的离解度 α,代入式(3-44),求得 $K_{HAc}^{\ominus}$ 值。

醋酸的离解度可用电导率法来测定。电解质溶液的导电能力可用电导 G 来表示:

$$G = \kappa \frac{A}{l} = \frac{\kappa}{K} \tag{3-45}$$

式中,K 为电导池常数,$K = l/A$,m^{-1};κ 为电导率,S/m;A 为极板面积,m^2;l 为两极板间距离,m。电导率的物理意义是:两极板面积和距离均为单位数值时,溶液的电导。电导率 κ 与温度、浓度有关,当温度一定时,对一定的电解质溶液,电导率只随浓度而改变,因此,引入了摩尔电导率的概念。

$$\Lambda_m = \frac{\kappa}{c}$$

式中,Λ_m 为摩尔电导率,$S \cdot m^2/mol$;c 为电解质溶液的物质的量浓度,mol/m^3。

弱电解质的离解度与摩尔电导率的关系为:

$$\alpha = \Lambda_m / \Lambda_m^{\infty} \tag{3-46}$$

不同温度下醋酸溶液的 Λ_m^{∞}(无限稀释摩尔电导率)值,见表3-22。

表3-22　不同温度下醋酸溶液的 Λ_m^{∞} 值

$t/℃$	$\Lambda_m^{\infty} \times 10^2$ /S·m²·mol⁻¹	$t/℃$	$\Lambda_m^{\infty} \times 10^2$ /S·m²·mol⁻¹	$t/℃$	$\Lambda_m^{\infty} \times 10^2$ /S·m²·mol⁻¹
20	3.615	24	3.841	28	4.079
21	3.669	25	3.903	29	4.125
22	3.738	26	3.960	30	4.182
23	3.784	27	4.009		

将式(3-46)代入式(3-44)得:

$$K_{HAc}^{\ominus} = \frac{\Lambda_m^2}{\Lambda_m^{\infty}(\Lambda_m^{\infty} - \Lambda_m)} \cdot \frac{c}{c^{\ominus}}$$

测量不同浓度电解质溶液的摩尔电导率,即可计算求得离解平衡常数 $K_{HAc}^{\ominus}$。

C　仪器与药品

(1)仪器:恒温槽1套,电导率仪(DDS-11A 型电导率仪的面板见图3-36)及配套电极1套,移液管(25mL)3 支,移液管(50mL)1 支,三角烧瓶3 个。

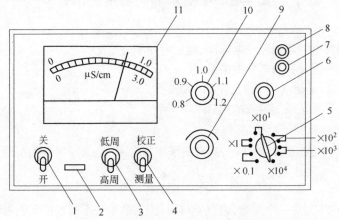

图3-36　DDS-11A 型电导率仪的面板

1—电源开关;2—指示灯;3—高周、低周开关;4—校正、测量开关;5—量程选择开关;
6—电容补偿开关;7—电极插口;8—10mV 输出插口;9—校正调节器;
10—电极常数调节器;11—表头

(2)药品:0.0100mol/L KCl 溶液,0.0100mol/L CH_3COOH 溶液,电导水。

D　实验步骤

(1)调节恒温槽的温度为指定温度(25 ±0.1)℃或(30 ±0.1)℃,将电导率仪的校正、测量开关扳在"校正"位置上,打开电源,预热数分钟,移取 25mL 0.0100mol/L KCl 溶液,放入三角烧瓶中,置于恒温槽内,恒温 5~10min。

(2)电导池常数的测定。将电导电极用 0.0100mol/L 的 KCl 溶液淋洗三次,置入已恒温的 KCl 溶液中,将电导率仪的频率开关拨至"高周"挡。将电导率仪的量程开关拨至"×10³"挡,调整电表指针至满刻度后,将校正、测量开关扳到"测量"位置上,测量 0.0100mol/L KCl 溶液的电导率,读取数据 3 次并取平均值。由附录 14 查出实验温度下标准氯化钾溶液的电导率值,根据式(3-45)求出电导池常数 K。将电极常数调节器旋在已求得的电导池常数的位置,重新调整电表指针至满刻度,此时,仪表示值应与该实验温度下 0.0100mol/L KCl 溶液电导率的文献值一致,若不一致,应重复上述操作,进行调整。调整好后应注意,在整个实验过程中不能再触动电极常数调节器。

(3)测定醋酸水溶液的电导率。步骤如下:

1)用移液管准确吸取 0.100mol/L 的醋酸溶液 25.00mL,放入三角烧瓶中,再放入恒温槽 5min。

2)将电导电极分别用蒸馏水和 0.100mol/L 的醋酸溶液各淋洗三次,用滤纸吸干后,置入已恒温的醋酸溶液中,测定其电导率,应测量读取该溶液的电导率值三次。依次加入 25.0mL、50.0mL、25.0mL 的电导水,恒温 5min,分别测量不同浓度醋酸的电导率。

实验结束后,将电导电极用电导水洗净,并在电导水中养护,关闭各仪器开关。

E　关键操作及注意事项

(1)实验中温度要恒定,测量必须在同一温度下进行。恒温槽的温度要控制在 (25 ± 0.1)℃ 或 (30 ± 0.1)℃。

(2)每次测定前,都必须将电导电极及电导池洗涤干净,以免影响测定结果。

F　数据记录及处理

将实验数据和处理结果填于表 3-23 中。

表 3-23　实验数据记录表

室温＿＿＿＿＿℃,大气压＿＿＿＿＿kPa,恒温槽温度＿＿＿＿＿℃

$c/\text{mol} \cdot \text{L}^{-1}$		$\kappa/\text{S} \cdot \text{m}^{-1}$	$\Lambda_\text{m}/\text{S} \cdot \text{m}^2 \cdot \text{mol}^{-1}$	α	$K_\text{HAc}^{\ominus}$
0.100	1	平均值			
	2				
	3				
0.050	1	平均值			
	2				
	3				
0.025	1	平均值			
	2				
	3				
0.020	1	平均值			
	2				
	3				

G　思考题

(1)为何要测定电导池常数,如何得到该常数?

(2)测电导时为什么要恒温? 实验中测电导池常数和溶液电导时,温度是否要一致?

3.18　实验 18　固体在溶液中的吸附

A　实验目的

(1)了解溶液吸附法测定比表面积的基本原理;

(2)掌握活性炭从醋酸水溶液中吸附醋酸的方法和技能;

(3)学会推算活性炭的吸附量及比表面积。

B　实验原理

对于比表面积很大的多孔性或高度分散的吸附剂(如活性炭和硅胶等),在溶液中有较大的吸附能力,吸附能力的大小常用吸附量 Γ 表示。吸附量通常指 1g 吸附剂吸附物质的物质的量。

朗缪尔认为,吸附是单分子层吸附,即吸附剂表层一旦被吸附物质占据之后,就不能再吸附;另一方面,被吸附的分子也会从吸附剂上脱附下来。达到吸附平衡时,吸附速率与脱附速率相等。设 Γ_∞ 为饱和吸附量,表示该吸附剂表面吸满单分子层时,所能吸附的吸附物质的最大物质的量,则在平衡浓度为 c 时的吸附量可由下式计算:

$$\Gamma = \Gamma_\infty \frac{bc}{1+bc} \tag{3-47}$$

式中,b 是吸附平衡常数(定义为吸附速率常数和脱附速率常数之比)。将式(3-47)整理得:

$$\frac{c}{\Gamma} = \frac{1}{\Gamma_\infty}c + \frac{1}{\Gamma_\infty b} \tag{3-48}$$

以 c/Γ 对 c 作图,得一直线,由此直线的斜率可求得 Γ_∞,再结合截距可求得吸附平衡常数 b。

根据 Γ_∞ 的数值,按照朗缪尔单分子层吸附的模型,并假定吸附分子在吸附剂表面上是直立的,且每个醋酸分子所占的面积以 $0.243nm^2$(根据水-空气界面上对于直链正脂肪酸测定的结果而得)计算,则吸附剂的比表面积 A_m(m^2/g)可按下式计算:

$$A_m = \frac{\Gamma_\infty \times 6.02 \times 10^{23} \times 0.243}{10^{18}} \tag{3-49}$$

式中,10^{18} 是因为 $1m^2 = 10^{18}nm^2$ 而引入的换算因子。

根据上述方法测得的比表面积往往要比实际数值小一些。原因有两点:一是忽略了界面上被溶剂占据的部分;二是吸附剂表面有小孔,脂肪酸不能钻进去,故这一方法所得的比表面积一般偏小。不过,采用这一方法测定时操作简便,又不需要特殊仪器,是测定固体吸附剂性能的一种简便方法。

C　仪器药品

(1)仪器:带塞锥形瓶(125mL)6 只,锥形瓶(150mL)1 只,碱式滴定管(50mL)1 支,酸式滴定管(50mL)1 支,移液管(5mL、10mL、25mL)各 1 支,电子天平 1 台,THZ-82A 型恒温振荡器 1 台。

(2)药品:活性炭(20～40 目,比表面积 300～400m^2/g,色层分析用),醋酸溶液(0.25mol/L),0.1mol/L NaOH 标准溶液(准确浓度已知),酚酞指示剂。

D　实验步骤

(1)取 6 个洗净并干燥的编好号的 125mL 带塞锥形瓶,按表 3-24 所列浓度配制 50mL 醋酸溶液。

(2)将 120℃下烘干的活性炭装在称量瓶中,各称取活性炭约 1g(准确到 0.001g)放入锥形瓶中,塞好瓶塞,并在振荡机上振荡 30min。

(3)使用颗粒活性炭时,可直接从锥形瓶中取样分析;如果是粉状活性炭,则应过滤,弃去最初的 10mL 滤液。在振荡 30min 期间内,按表 3-24 所规定的体积取样,用 0.1mol/L 的 NaOH 标准溶液滴定醋酸溶液吸附前的起始浓度。

(4)稀的溶液较易达到平衡,而浓的溶液则不易达到平衡。因此,振荡 30min 后,先取稀溶液进行滴定,让浓溶液继续振荡。用漏斗将溶液过滤到另一只干燥锥形瓶中,再用 NaOH 溶液滴定。由于吸附后醋酸溶液浓度不同,所以所取体积也应不同,按表 3-24 所列出的体积取样。

(5)实验完毕后,将所有锥形瓶洗净并干燥,以便下次实验时使用。

(6)活性炭吸附醋酸是可逆吸附,使用过的活性炭可用蒸馏水浸泡数次,烘干后回收利用。

E 关键操作及注意事项

(1)在操作浓的醋酸溶液的过程中,要注意防止醋酸挥发,以免引起较大的误差。

(2)溶液的浓度要配制准确,活性炭颗粒要均匀并干燥。

(3)已标定的 NaOH 标准溶液,在保存时若吸收了空气中的 CO_2,以它测定醋酸的浓度,用酚酞作为指示剂时,则测定结果会偏高。为使测定结果准确,应尽量避免长时间将 NaOH 溶液放置于空气中。

F 数据记录与处理

a 数据记录

将实验数据记录于表 3-24 中。

表 3-24 实验数据记录表

室温_____℃,大气压_____kPa

编 号	1	2	3	4	5	6
0.25mol/L 醋酸标准溶液体积/mL	50	25	15	7.5	4	2
水体积/mL	0	25	35	42.5	46	48
活性炭质量 m/g						
醋酸溶液初始浓度 c_0/mol·L^{-1}						
消耗 0.1mol/L NaOH 标准溶液的体积/mL						
取样量(醋酸溶液体积)/mL	3	5	5	25	25	25
醋酸溶液平衡浓度 c/mol·L^{-1}						
$\dfrac{(c_0-c)V}{m}$/mol·g^{-1}(或 Γ/mol·g^{-1})						
lgΓ						
lg$c$						

b 数据处理

(1)将实验数据按表 3-24 的形式列出。

(2)由平衡浓度 c 及初始浓度 c_0,按下式计算吸附量:

$$\Gamma = \frac{(c_0-c)V}{m}$$

式中 V——溶液总体积,mL;

m——活性炭质量,g。

(3)以吸附量 Γ 对平衡浓度 c 作出吸附等温线。

(4)作 lgΓ 对 lg$c$ 的关系图,求公式 lgΓ = lg$k$ + $n$lg$c$ 中的常数 n 和 k。

(5)计算 c/Γ,作 c/Γ-c 图,由图求得 Γ_∞;再根据 Γ_∞ 值在 Γ-c 图上用虚线作一水平线,这一

虚线即是吸附量 Γ 的渐进线。

(6)由 Γ_∞ 根据式(3-49)计算活性炭的比表面积。

G　思考题

(1)吸附作用与哪些因素有关?固体吸附剂吸附气体与从溶液中吸附溶质有何不同?

(2)如何加快吸附平衡的到达,如何判断是否达到吸附平衡?

(3)用于测量吸附量的活性炭为什么要烘干?

3.19　实验19　溶液黏度的测定

A　实验目的

(1)了解恒温槽的构造,掌握恒温槽的操作技术;

(2)掌握用奥氏黏度计测量溶液黏度的方法。

B　实验原理

当流体受外力作用产生流动时,在流动着的液体层之间存在着切向的内部摩擦力。如果要使液体通过管子,必须消耗一部分功来克服这种流动的阻力。在流速低时,管子中的液体沿着与管壁平行的直线方向前进,最靠近管壁的液体实际上是静止的,与管壁距离越远,流动的速度也越大。

流层之间的切向力 F 与两层之间的接触面积 A 和速度差 Δv 成正比,而与两层间的距离 Δx 成反比:

$$F = \eta A \frac{\Delta v}{\Delta x} \tag{3-50}$$

式中,η 是比例系数,称为液体的黏度系数,简称黏度,黏度系数的单位在国际单位中用 Pa·s(帕斯卡秒)表示。

液体的黏度可用毛细管法测定。泊肃叶(Poiseuille)得出,流体流出毛细管的速度与黏度系数之间存在如下关系式:

$$\eta = \frac{\pi p r^4 t}{8lV} \tag{3-51}$$

式中,V 为在时间 $t(s)$ 内流经毛细管的液体体积,cm^3;p 为管两端的压力差,Pa;r 为管半径,cm;l 为管长,cm。

按式(3-51)由实验直接来测定液体的绝对黏度是困难的,但是测定液体对标准液体(如水)的相对黏度是简单实用的。在已知标准液体的绝对黏度时,即可算出被测液体的绝对黏度。

设两种液体在本身重力的作用下分别流经同一毛细管,且流出的体积相等,则:

$$\eta_1 = \frac{\pi r^4 p_1 t_1}{8lV} \qquad \eta_2 = \frac{\pi r^4 p_2 t_2}{8lV}$$

$$\frac{\eta_1}{\eta_2} = \frac{p_1 t_1}{p_2 t_2} \tag{3-52}$$

式中,$p = hg\rho$;其中,h 为推动液体流动的液位差,m;ρ 为液体的密度,kg/m^3;g 为重力加速度,$10m/s^2$。

如果每次取用试样的体积一定,则可保持 h 在实验中的情况相同,因此可得:

$$\frac{\eta_1}{\eta_2} = \frac{\rho_1 t_1}{\rho_2 t_2} \tag{3-53}$$

已知标准液体的黏度和它们的密度,则可得到被测液体的黏度。本实验是以纯水为标准液体,利用奥氏黏度计测定乙醇在20℃时的黏度。

C 仪器和药品

(1)仪器:恒温水槽1套,奥式黏度计1只,移液管(10mL)2只,吹风机1只。

(2)药品:无水乙醇,蒸馏水。

D 实验步骤

(1)调节恒温槽,使其温度为(20.0 ± 0.1)℃。

(2)将奥氏黏度计(见图3-37)用洗液和蒸馏水洗干净,然后烘干备用。

(3)用移液管移取10mL无水乙醇从管口2放入黏度计内,然后将黏度计垂直固定在恒温槽中,恒温5～10min。

(4)将吸耳球接入管口1吸气,待液体上升至环形测定线a以上时,移去吸耳球,用秒表测定液体从环形测定线a流至环形测定线b所需的时间。重复同样操作五次,取平均值。

(5)把黏度计里的乙醇倒入回收瓶中,用水冲洗两次;再用移液管移取10mL蒸馏水放入黏度计中,用同样方法测量蒸馏水从环形测定线a流至环形测定线b所需的时间;重复同样操作,要求同前。

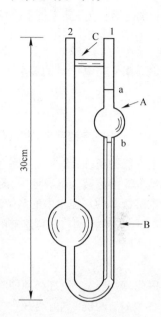

图3-37 奥氏黏度计
A—球;B—毛细管;C—加固用的玻璃棒;
a,b—环形测定线

E 关键操作及注意事项

(1)黏度计必须洁净。

(2)实验过程中,恒温槽的温度要保持恒定。加入样品待恒温后才能进行测定。

(3)黏度计要垂直浸入恒温槽中,实验中不要振动黏度计。

F 数据记录与处理

(1)将实验数据列入实验数据表中。

(2)从附录6和附录7中查阅所需数据,利用式(3-53)求出乙醇的黏度。

G 思考题

(1)影响毛细管法测定黏度的因素是什么?

(2)为什么黏度计要垂直地置于恒温槽中?

3.20 实验20 电导率法测定难溶盐的溶度积常数

A 实验目的

(1)掌握电导率法测定难溶盐溶度积常数的原理;

(2)学会电导率仪的使用方法及$BaSO_4$溶度积常数的测定方法。

B 实验原理

难溶盐($BaSO_4$、$PbSO_4$、$AgCl$等)在水中的溶解度很小,用一般的分析方法很难精确测量其溶解度。但难溶盐在水中微量溶解的部分是完全离解的,因此,常通过测定其饱和溶液电导率来计算其溶度积常数($K_{sp}^{\ominus}$)。

$BaSO_4$的溶解平衡可表示为:

$$BaSO_4 \Longleftrightarrow Ba^{2+} + SO_4^{2-}$$

$$K_{sp,BaSO_4}^{\ominus} = c'_{Ba^{2+}} \cdot c'_{SO_4^{2-}}$$

难溶盐的饱和溶液可近似视为无限稀溶液,其摩尔电导率 Λ_m 与难溶盐无限稀释溶液中的摩尔电导率 Λ_m^{∞} 近似相等,即 $\Lambda_m \approx \Lambda_m^{\infty}$。$\Lambda_m^{\infty}$ 可根据科尔劳施离子独立运动定律,由离子无限稀释摩尔电导率相加而得。在一定温度下,电解质溶液的浓度 c、摩尔电导率 Λ_m 与电导率 κ 的关系为:

$$\Lambda_m = \frac{\kappa}{c} \tag{3-54}$$

电导率 κ 与电导 G 的关系为:

$$\kappa = G\frac{l}{A} = KG \tag{3-55}$$

式中,$K = \dfrac{l}{A}$ 为电导池常数,它是两极间距 l 与电极表面积 A 之比。为了防止极化,通常将 Pt 电极镀上一层铂黑,因此,A 无法单独测得。通常确定 κ 值的方法是:先将已知电导率(见附录 14)的标准 KCl 溶液装入电导池中,测定其电导 G,由已知电导率 κ,由式(3-55)计算出 K。

难溶盐 $BaSO_4$ 在水中的溶解度极小,其饱和溶液的电导率 κ,实际上是 $BaSO_4$ 的正、负离子(Ba^{2+}、SO_4^{2-})和溶剂(H_2O)离解的正、负离子(H^+ 和 OH^-)的电导率之和,在无限稀释的条件下,有:

$$\kappa_{溶液} = \kappa_{BaSO_4} + \kappa_{水} \tag{3-56}$$

因此,测定 $\kappa_{溶液}$ 后,还必须同时测出配制溶液所用水的电导率 $\kappa_{水}$,才能求得 κ_{BaSO_4}。从附录 17 查出 25℃时,$1/2 Ba^{2+}$ 和 $1/2\ SO_4^{2-}$ 的无限稀释摩尔电导率 Λ_m^{∞},由科尔劳施定律计算出 $BaSO_4$ 的摩尔电导率 $\Lambda_{m,BaSO_4}$,由式(3-54)即可求得该温度下难溶盐在水中的饱和浓度 c,经换算即可得到难溶盐的溶度积常数。

电导是电阻的倒数,测定电导实际是测定电阻。当测定溶液的电阻时,不能用直流电源,当直流电流通过溶液时,由于电化学反应的发生,不但会使电极附近溶液的浓度发生改变而引起浓差极化,还会改变两极本质。因此,应采用较高频率的交流电,其频率一般高于 1000Hz。另外,构成电导池的两极采用惰性铂电极,以免电极与溶液之间发生化学反应。温度对电导有影响,故实验应在恒温下进行。

C　仪器与药品

(1)仪器:恒温槽 1 套,DDS-11A 型电导率仪及配套电极 1 套,带盖锥形瓶 3 个。

(2)药品:0.0200mol/L KCl 溶液,电导水,$BaSO_4$(分析纯)。

D　实验步骤

(1)调节恒温槽的温度为指定温度(25±0.1)℃,将电导率仪的校正、测量开关扳在"校正"位置,打开电源,预热数分钟,移取 25mL0.0200mol/L 的 KCl 溶液,放入三角烧瓶中,置于恒温槽内,恒温 5~10min。

(2)电导池常数的测定。将电导电极用 0.0200mol/L 的 KCl 溶液淋洗三次,置入已恒温的 KCl 溶液中,将电导率仪的频率开关拨至"高周"挡,将电导率仪的量程开关拨至"×10³"挡;调整电表指针至满刻度后,将校正、测量开关扳到"测量"位置上,测量 0.0200mol/L KCl 溶液的电导;读取数据 3 次,取平均值。由附录 14 查出实验温度下标准氯化钾溶液的电导率值,根据式(3-55)求出电导池常数 K。将电极常数调节器旋在已求得的电导池常数的位置上,重新调整电表指针至满刻度,此时,仪表示值应与该实验温度下 0.0200mol/L KCl 溶液电导率的文献值一致,若不一致,应重复上述操作,进行调整。调整好后,注意在整个实验过程中不能再触动电极常数调节器。

(3)制备 $BaSO_4$ 饱和溶液。在干净带盖的锥形瓶中加入少量 $BaSO_4$,用电导水至少洗涤 3 次,每次洗涤需要剧烈振荡,待溶液澄清后,倾去溶液,再加电导水洗涤。然后,加电导水溶解 $BaSO_4$,使之成为饱和溶液,并在 25℃恒温槽内静置,使溶液尽量澄清(该过程时间长,可在实验开始前完成),取用时用上部澄清溶液。

(4)测定电导水的电导率 $\kappa_水$。依次用蒸馏水、电导水洗涤电极及锥形瓶各 3 次。在锥形瓶中装入电导水,放入 25℃恒温槽内恒温后,测定水的电导率 $\kappa_水$。

(5)测定 25℃饱和 $BaSO_4$ 溶液的电导率 $\kappa_{溶液}$。将已测定电导水电导的电极和锥形瓶用少量 $BaSO_4$ 饱和溶液洗涤 3 次,再将澄清的 $BaSO_4$ 饱和溶液装入锥形瓶,插入电极,测定 $\kappa_{溶液}$。测量电导率需要在恒温后进行,每种电导率的测定需要进行 3 次,并取平均值。

实验结束后,将电导电极用电导水洗净,并养护在电导水中,关闭各仪器开关。

E 关键操作及注意事项

(1)实验中温度要恒定,测量必须在同一温度下进行。恒温槽的温度要控制在(25 ± 0.1)℃。

(2)实验用水必须是电导水,其电导率不应超过 1×10^{-4} S/m。

(3)测量 $BaSO_4$ 饱和溶液时,必须将电导电极及电导池洗涤多次,以除去可溶性离子,减小实验误差。

(4)每次测定前,都必须将电导电极及电导池洗涤干净,以免影响测定结果。

(5)电导池不用时,应将两电极浸在蒸馏水中,以免干燥致使表面发生改变。

F 数据记录及处理

a 数据记录

将实验数据和处理结果填于表 3-25 中。

表 3-25 实验数据记录表

室温＿＿＿＿＿＿℃,大气压＿＿＿＿＿＿kPa,恒温槽温度＿＿＿＿＿＿℃

次 数	电导池常数 K/m^{-1}	水的电导率 $\kappa_水$/S·m^{-1}	饱和溶液的电导率 $\kappa_{溶液}$/S·m^{-1}
1			
2			
3			
平均值	$\bar{K}$	$\kappa_水$	$\kappa_{溶液}$

b 数据处理

(1)根据实验所测得的 0.0200mol/L 标准 KCl 溶液的电导 G 及由附录 14 查得的该标准溶液在实验温度下的 κ 值,由式(3-55)计算电导池常数 K。

(2)由水的电导率 $\kappa_水$ 和 $BaSO_4$ 饱和溶液的电导率 $\kappa_{溶液}$ 计算 $BaSO_4$ 的电导率 κ_{BaSO_4},$\kappa_{BaSO_4} = \kappa_{溶液} - \kappa_水$。

(3)由查得的 $\frac{1}{2}Ba^{2+}$、$\frac{1}{2}SO_4^{2-}$ 在 25℃时的无限稀释摩尔电导率,计算 $\Lambda_{m,BaSO_4}$。

(4)由式(3-54)计算 c_{BaSO_4},并进一步计算出难溶盐 $BaSO_4$ 的溶度积常数 $K_{sp,BaSO_4}^{\ominus} = c'_{Ba^{2+}} c'_{SO_4^{2+}}$。

G 思考题

(1)本实验为什么要测量水的电导率?

(2)本实验中为何用镀铂黑的电极,使用时要注意哪些事项?

附　　录

附录1　空气中某些气体的爆炸极限(20℃,100kPa)

气　体	爆炸低限 (体积分数)/%	爆炸高限 (体积分数)/%	气　体	爆炸低限 (体积分数)/%	爆炸高限 (体积分数)/%
氢	4.0	74.2	醋　酸	4.1	—
乙　烯	2.8	28.6	乙酸乙酯	2.2	11.4
乙　炔	2.5	80.0	一氧化碳	12.5	74.2
苯	1.4	6.8	水煤气	7.0	72
乙　醇	3.3	19.0	煤　气	5.3	32
乙　醚	1.9	36.5	氨	15.5	27.0
丙　酮	2.6	12.8			

附录2　不同温度下水的密度(101.325kPa)

温度/K	密度 $\rho/\mathrm{g \cdot cm^{-3}}$	温度/K	密度 $\rho/\mathrm{g \cdot cm^{-3}}$
273	0.9998395	299	0.9967837
274	0.9998985	300	0.9965132
275	0.9999399	301	0.9962335
276	0.9999642	302	0.9959448
277	0.9999720	303	0.9956473
278	0.9999638	304	0.9953410
279	0.9999402	305	0.9950262
280	0.9999015	306	0.9947030
281	0.9998482	307	0.9943715
282	0.9997808	308	0.9940319
283	0.9996996	309	0.9936842
284	0.9996051	310	0.9933287
285	0.9994947	311	0.9929653
286	0.9993771	312	0.9925943
287	0.9992444	313	0.9922158
288	0.9990996	314	0.9918298
289	0.9989430	315	0.9914364
290	0.9987749	316	0.9910358
291	0.9985956	317	0.9906280
292	0.9984052	318	0.9902132
293	0.9982041	319	0.9897914
294	0.9979925	320	0.9893628
295	0.9977705	321	0.9889273
296	0.9975385	322	0.9884851
297	0.9972965	323	0.9880363
298	0.9970449	373	0.9583637

注:表中数据摘自"Robert C Weast. CRC Handbook of Chemistry and Physics,66st ed. ,1985～1986."。

附录3　几种常见溶剂的凝固点降低常数与溶剂的沸点升高常数

溶　剂	T_b^*/K	K_b/K·kg·mol^{-1}	T_f^*/K	K_f/K·kg·mol^{-1}
水	373.0	0.512	273.0	1.86
苯	353.0	2.53	278.5	5.10
萘	491.0	5.80	353.0	6.90
乙　酸	391.0	2.93	290.0	3.90
乙　醇	351.4	1.22	155.7	1.99
乙　醚	307.7	2.02	156.8	1.80
四氯化碳	349.7	5.03	250.1	32.0

注：T_b^* 为纯溶剂的沸点；T_f^* 为纯溶剂的凝固点；K_b 为溶剂的沸点升高常数；K_f 为溶剂的凝固点降低常数。

附录4　不同温度下水的饱和蒸汽压

温度/℃	压力/kPa	温度/℃	压力/kPa	温度/℃	压力/kPa
0	0.6125	34	5.320	68	28.56
1	0.6568	35	5.623	69	29.83
2	0.7058	36	5.942	70	31.16
3	0.7580	37	6.275	71	32.52
4	0.8134	38	6.625	72	33.95
5	0.8724	39	6.992	73	35.43
6	0.9350	40	7.376	74	35.96
7	1.002	41	7.778	75	38.55
8	1.073	42	8.200	76	40.19
9	1.148	43	8.640	77	41.88
10	1.228	44	9.101	78	43.64
11	1.312	45	9.584	79	45.47
12	1.402	46	10.09	80	47.35
13	1.497	47	10.61	81	49.29
14	1.598	48	11.16	82	51.32
15	1.705	49	11.74	83	53.41
16	1.818	50	12.33	84	55.57
17	1.937	51	12.96	85	57.81
18	2.064	52	13.61	86	60.12
19	2.197	53	14.29	87	62.49
20	2.338	54	15.00	88	64.94
21	2.487	55	15.74	89	67.48
22	2.644	56	16.51	90	70.10
23	2.809	57	17.31	91	72.80
24	2.985	58	18.14	92	75.60
25	3.167	59	19.01	93	78.48
26	3.361	60	19.92	94	81.45
27	3.565	61	20.86	95	84.52
28	3.780	62	21.84	96	87.67
29	4.006	63	22.85	97	90.94
30	4.248	64	23.91	98	94.30
31	4.493	65	25.00	99	97.76
32	4.755	66	26.14	100	101.30
33	5.030	67	27.33		

附录 5　不同温度下水的表面张力

$t/℃$	$\sigma/N \cdot m^{-1}$	$t/℃$	$\sigma/N \cdot m^{-1}$
0	75.64×10^{-3}	21	72.59×10^{-3}
5	74.92×10^{-3}	22	72.44×10^{-3}
10	74.22×10^{-3}	23	72.28×10^{-3}
11	74.07×10^{-3}	24	72.13×10^{-3}
12	73.93×10^{-3}	25	71.97×10^{-3}
13	73.78×10^{-3}	26	71.82×10^{-3}
14	73.64×10^{-3}	27	71.66×10^{-3}
15	73.49×10^{-3}	28	71.50×10^{-3}
16	73.34×10^{-3}	29	71.35×10^{-3}
17	73.19×10^{-3}	30	71.18×10^{-3}
18	73.05×10^{-3}	35	70.38×10^{-3}
19	72.90×10^{-3}	40	69.56×10^{-3}
20	72.75×10^{-3}	45	68.74×10^{-3}

附录 6　水在不同温度下的折射率、黏度和介电常数

温度/℃	折射率 n_D	黏度[1] $\eta/kg \cdot m^{-1} \cdot s^{-1}$	介电常数[2] ε
0	1.33395	1.7702×10^3	87.74
5	1.33388	1.5108×10^3	85.76
10	1.33369	1.3039×10^3	83.83
15	1.33339	1.3174×10^3	81.95
20	1.33300	1.0019×10^3	80.10
21	1.33290	0.9764×10^3	79.73
22	1.33280	0.9532×10^3	79.38
23	1.33271	0.9310×10^3	79.02
24	1.33261	0.9100×10^3	78.65
25	1.33250	0.8903×10^3	78.30
26	1.33240	0.8703×10^3	77.94
27	1.33229	0.8512×10^3	77.60
28	1.33217	0.8328×10^3	77.24
29	1.33206	0.8145×10^3	76.90
30	1.33194	0.7973×10^3	76.55
35	1.33131	0.7190×10^3	74.83
40	1.33061	0.6526×10^3	73.15
45	1.32985	0.5972×10^3	71.51
50	1.32904	0.5468×10^3	69.91
55	1.32817	0.5042×10^3	68.35
60	1.32725	0.4669×10^3	66.82

①黏度是指单位面积的液层，以单位速度流过相隔单位距离的固定液面时所需的切线力，其单位是牛顿秒每平方米，即 $N \cdot s \cdot m^{-2}$ 或 $kg \cdot (m \cdot s)^{-1}$ 或 $Pa \cdot s$(帕秒)。

②介电常数(相对)是指某物质作介质时，与相同条件真空情况下电容的比值，故介电常数又称为相对电容率，无量纲。

附录7 有机化合物的密度

化 合 物	ρ_0	α	β	γ	温度范围/℃
四氯化碳	1.63255	−1.9110	−0.690		0~40
氯 仿	1.52643	−1.8563	−0.5309	−8.81	−53~55
乙 醚	0.73629	−1.1138	−1.237		0~70
乙 醇	0.78506	−0.8591	−0.56	−5	0~25
醋 酸	1.0724	−1.1229	0.0058	−2.0	9~100
丙 酮	0.81248	−1.100	−0.858		0~50
异 丙 醇	0.8014	−0.809	−0.27		0~25
正 丁 醇	0.82390	−0.699	−0.32		0~47
乙酸甲酯	0.95932	−1.2710	−0.405	−6.00	0~100
乙酸乙酯	0.92454	−1.168	−1.95	20	0~40
环己烷	0.79707	−0.8879	−0.972	1.55	0~65
苯	0.90005	−1.0638	−0.0376	−2.213	11~72

注:表中有机化合物的密度可用方程式 $\rho_t = \rho_0 + 10^{-3}\alpha(t-t_0) + 10^{-6}\beta(t-t_0)^2 + 10^{-9}\gamma(t-t_0)^3$ 计算,式中,ρ_0 为 $t = 0$℃时的密度,$g \cdot cm^{-3}$,$1g \cdot cm^{-3} = 10^3 kg \cdot m^{-3}$。表中数据摘自"International Critical Tables of Numerical Data, Physics, Chemistry and Technology. New York: McGraw-Hill Book Company Inc., 1928,Ⅲ:28."。

附录8 常用纯液体的电导率

液体名称	温度/℃	电导率/$S \cdot cm^{-1}$	液体名称	温度/℃	电导率/$S \cdot cm^{-1}$
乙基溴	25.0	$<2.0 \times 10^{-8}$	苯	—	7.6×10^{-8}
乙基碘	25.0	$<2.0 \times 10^{-8}$	苯乙醚	25.0	$<1.7 \times 10^{-8}$
亚乙基二氯	25.0	$<1.7 \times 10^{-8}$	苯甲酸	125.0	3.0×10^{-9}
乙 胺	0.0	4.0×10^{-7}	苯甲酸乙酯	25.0	$<1.0 \times 10^{-9}$
乙 酐	0.0	1.0×10^{-6}	苯甲酸苄酯	25.0	$<1.0 \times 10^{-9}$
乙 腈	20.0	7.0×10^{-6}	苯甲醛	25.0	1.5×10^{-7}
乙 酯	25.0	$<4.0 \times 10^{-13}$	苯 胺	25.0	2.4×10^{-8}
乙酰乙酸乙酯	25.0	4.0×10^{-8}	苯 酚	25.0	$<1.7 \times 10^{-8}$
乙酰苯	25.0	6.0×10^{-9}	松节油	—	2.0×10^{-13}
乙酰氯	25.0	4.0×10^{-7}	邻甲苯胺	25.0	$<2.0 \times 10^{-6}$
乙酰胺	100.0	$<4.3 \times 10^{-5}$	正庚烷	—	$<1.0 \times 10^{-13}$
乙酰溴	25.0	2.4×10^{-6}	油 酸	15.0	$<2.0 \times 10^{-10}$
乙 醇	25.0	1.35×10^{-9}	草酸二乙酯	25.0	7.6×10^{-7}
乙 酸	0.0	5.0×10^{-9}	茜 素	233.0	1.45×10^{-6}
	25.0	1.12×10^{-8}	呱 啶	25.0	$<2.0 \times 10^{-7}$
乙酸甲酯	25.0	3.4×10^{-6}	氨	−79.0	1.3×10^{-7}
乙酸乙酯	25.0	$<1.0 \times 10^{-9}$	烯丙醇	25.0	7.0×10^{-6}

液体名称	温度/℃	电导率/S·cm^{-1}	液体名称	温度/℃	电导率/S·cm^{-1}
乙　醛	15.0	1.7×10^{-6}	萘	82.0	4.0×10^{-10}
二乙基胺	−33.5	2.2×10^{-9}		115.0	1.0×10^{-12}
二甲苯	—	$<1.0 \times 10^{-15}$	硫	130.0	5.0×10^{-11}
二氯化硫	35.0	1.5×10^{-8}		440.0	1.2×10^{-7}
二氯乙酸	25.0	7.0×10^{-8}	硫化氢	B. P.	1.0×10^{-11}
二氯乙醇	25.0	1.2×10^{-5}	硫氰酸甲酯	25.0	1.5×10^{-6}
二硫化碳	1.0	7.8×10^{-18}	硫氰酸乙酯	25.0	1.2×10^{-6}
丁子香酚	25.0	$<1.7 \times 10^{-8}$	异硫氰酸乙酯	25.0	1.26×10^{-7}
异丁醇	−33.5	8.0×10^{-8}	异硫氰酸苯酯	25.0	1.4×10^{-6}
三甲基氨	25.0	2.2×10^{-10}	硫酰氯（SO_2Cl_2）	25.0	3.0×10^{-8}
己　腈	25.0	3.7×10^{-6}	硫　酸	25.0	1.0×10^{-2}
三氯乙酸	25.0	3.0×10^{-9}	硫酸二甲酯	0.0	1.6×10^{-7}
三氯化砷	35.0	1.2×10^{-6}	硫酸二乙酯	25.0	2.6×10^{-7}
三溴化砷	25.0	1.5×10^{-6}	硝基甲烷	18.0	6.0×10^{-7}
正己烷	18.0	$<1.0 \times 10^{-18}$	硝基苯	0.0	5.0×10^{-9}
水	18.0	4.0×10^{-8}	硝酸甲脂	25.0	4.5×10^{-6}
水杨醛	25.0	1.6×10^{-7}	硝酸乙酯	25.0	5.3×10^{-7}
壬　烷	25.0	$<1.7 \times 10^{-8}$	邻或对硝基甲苯	25.0	$<2.0 \times 10^{-7}$
丙　腈	25.0	$<1.0 \times 10^{-7}$	氯	−70.0	$<1.0 \times 10^{-16}$
丙　酮	18.0	2.0×10^{-8}	氯乙醇	25.0	5.0×10^{-7}
	25.0	6.0×10^{-8}	氯乙酸	60.0	1.4×10^{-6}
正丙醇	18.0	5.0×10^{-8}	氯化乙烯	25.0	3.0×10^{-8}
	25.0	2.0×10^{-8}	氯化氢	−96.0	1.0×10^{-8}
异丙醇	25.0	3.5×10^{-6}	氯　仿	25.0	$<2.0 \times 10^{-8}$
正丙基溴	25.0	$<2.0 \times 10^{-8}$	间氯苯胺	25.0	5.0×10^{-8}
丙　酸	25.0	$<1.0 \times 10^{-9}$	氰	—	$<7.0 \times 10^{-9}$
丙　醛	25.0	8.5×10^{-7}	氰化氢	0.0	3.3×10^{-6}
戊　烷	19.5	$<2.0 \times 10^{-10}$	喹　啉	25.0	2.2×10^{-8}
异戊酸	80.0	$<4.0 \times 10^{-13}$	硬脂酸	80.0	$<4.0 \times 10^{-13}$
甲　苯	—	$<1.0 \times 10^{-14}$	碘	110.0	1.3×10^{-10}
甲基乙基酮	25.0	1.0×10^{-7}	碘化氢	B. P.	2.0×10^{-7}
甲基碘	25.0	$<2.0 \times 10^{-8}$	蒎　烯	23.0	$<2.0 \times 10^{-10}$
甲酰胺	25.0	4.0×10^{-6}	蒽	230.0	3.0×10^{-10}
甲　醇	18.0	4.4×10^{-7}	溴	17.2	1.3×10^{-13}
甲　酸	18.0	5.6×10^{-5}	溴化乙烯	19.0	$<2.0 \times 10^{-10}$
	25.0	6.4×10^{-5}	溴苯	25.0	$<2.0 \times 10^{-11}$

续附录 8

液体名称	温度/℃	电导率/S·cm^{-1}	液体名称	温度/℃	电导率/S·cm^{-1}
对甲苯胺	100.0	6.2×10^{-8}	溴化氢	25.0	8.0×10^{-9}
间甲酚	25.0	$<1.7 \times 10^{-8}$	煤油	25.0	$<1.7 \times 10^{-8}$
邻甲氧基苯酚	25.0	2.8×10^{-7}	碳酸二乙酯	25.0	1.7×10^{-8}
甘油	25.0	6.4×10^{-8}	伞花烃	25.0	$<2.0 \times 10^{-8}$
甘醇	25.0	3.0×10^{-7}	磺酰氯	25.0	2.0×10^{-6}
石油	—	3.0×10^{-13}	糖醛	25.0	1.5×10^{-6}
四氯化碳	18.0	4.0×10^{-18}	磷	25.0	4.0×10^{-7}
光气	25.0	7.0×10^{-9}	磷酰氯	25.0	2.2×10^{-6}
表氯醇	25.0	3.4×10^{-8}			

附录 9　不同温度下 1mol KCl 溶于 200mol 水中的溶解热

温度/℃	溶解热/kJ·mol^{-1}	温度/℃	溶解热/kJ·mol^{-1}
10	19.98	20	18.30
11	19.80	21	18.15
12	19.62	22	18.00
13	19.45	23	17.85
14	19.28	24	17.70
15	19.10	25	17.56
16	18.93	26	17.41
17	18.78	27	17.27
18	18.60	28	17.14
19	18.44	29	17.00

附录 10　有机化合物的蒸气压

下列各化合物的蒸气压可用下列方程式来计算：

$$\lg p = A - \frac{B}{C+t}$$

式中，A、B、C 为三个常数；p 为化合物的蒸气压，mmHg（1mmHg = 133.3Pa）；t 为温度，℃。

名　称	分子式	温度范围/℃	A	B	C
四氯化碳	CCl$_4$		6.87926	1212.021	226.41
氯仿	CHCl$_3$	$-35 \sim 61$	6.4934	929.44	196.03
甲醇	CH$_4$O	$-14 \sim 65$	7.89750	1474.08	229.13
二氯乙烷	C$_2$H$_4$Cl$_2$	$-31 \sim 99$	7.0253	1271.3	222.9
醋酸	C$_2$H$_4$O$_2$	液态	7.38782	1533.313	222.309
乙醇	C$_2$H$_6$O	$-2 \sim 100$	8.32109	1718.10	237.52

续附录 10

名　称	分子式	温度范围/℃	A	B	C
丙　酮	C_3H_6O	液态	7.11714	1210.595	229.664
异丙醇	C_3H_8O	0～101	8.11778	1580.92	219.61
乙酸乙酯	$C_4H_8O_2$	15～76	7.10179	1244.95	217.88
正丁醇	$C_4H_{10}O$	15～131	7.47680	1362.39	178.77
苯	C_6H_6	8～103	6.90565	1211.033	220.790
环己烷	C_6H_{12}	20～81	6.84130	1201.53	222.65
甲　苯	C_7H_8	6～137	6.95464	1344.800	219.48
乙　苯	C_8H_{10}	26～164	6.95719	1424.255	213.21

注:表中数据摘自"John A Dean. Lange's Handbook of Chemistry. 1979,10～37."。

附录 11　25℃时某些液体的折射率

名　称	n_D^{25}	名　称	n_D^{25}
甲　醇	1.326	四氯化碳	1.459
乙　醚	1.352	乙　苯	1.493
丙　酮	1.357	甲　苯	1.494
乙　醇	1.359	苯	1.498
醋　酸	1.370	苯乙烯	1.545
乙酸乙酯	1.370	溴　苯	1.557
正己烷	1.372	苯　胺	1.583
1-丁醇	1.397	溴　仿	1.587
氯　仿	1.444		

附录 12　常压下共沸物的沸点和组成

共沸物		各组分的沸点/℃		共沸物的性质	
甲组分	乙组分	甲组分	乙组分	沸点/℃	组成 w(甲组分)/%
苯	乙　醇	80.1	78.3	67.9	68.3
环己烷	乙　醇	80.8	78.3	64.8	70.8
正己烷	乙　醇	68.9	78.3	58.7	79.0
乙　酸	乙酯乙醇	77.1	78.3	71.8	69.0
乙酸乙酯	环己烷	77.1	80.7	71.6	56.0
异丙醇	环己烷	82.4	80.7	69.4	32.0

注:表中数据摘自"Robert C Weast. CRC Handbook of Chemistry and Physics,66th ed. ,1985～1986,D:12～30."。

附录 13　25℃时醋酸在水溶液中的电离度和离解常数

$c/\text{mol} \cdot \text{m}^{-3}$	α	$K_c^{\ominus}$
0.1113	0.3277	1.754×10^{-5}
0.2184	0.2477	1.751×10^{-5}
1.028	0.1238	1.751×10^{-5}
2.414	0.0829	1.750×10^{-5}
5.912	0.05401	1.749×10^{-5}
9.842	0.04223	1.747×10^{-5}
12.83	0.03710	1.743×10^{-5}
20.00	0.02987	1.738×10^{-5}
50.00	0.01905	1.721×10^{-5}
100.00	0.1350	1.695×10^{-5}
200.00	0.00949	1.645×10^{-5}

注:表中数据摘自"陶坤译.苏联化学手册(第三册).北京:科学出版社,1963:548."。

附录 14　不同浓度不同温度下 KCl 溶液的电导率

$t/℃$ $\diagdown$ $c/\text{mol} \cdot \text{L}^{-1}$	$\kappa/\text{S} \cdot \text{cm}^{-1}$			
	1.000	0.1000	0.0200	0.0100
0	0.06541	0.00715	0.001521	0.000776
5	0.07414	0.00822	0.001752	0.000896
10	0.08319	0.00933	0.001994	0.001020
15	0.09252	0.01048	0.002243	0.001147
20	0.10207	0.01167	0.002501	0.001278
25	0.11180	0.01288	0.002765	0.001413
26	0.11377	0.01313	0.002819	0.001441
27	0.11574	0.01337	0.002873	0.001468
28		0.01362	0.002927	0.001496
29		0.01387	0.002981	0.001524
30		0.01412	0.003036	0.001552
35		0.01539	0.003312	

注:表中数据摘自"复旦大学等.物理化学实验(第2版).北京:高等教育出版社,1995:455."。

附录 15　298.15K 时部分常见电极的标准电极电势(在酸性溶液中)

电极反应（氧化态 $+ne$ ⟶ 还原态）	$\varphi_A^{\ominus}/V$
$Mg^{2+} +2e \Longrightarrow Mg$	-2.38
$Al^{3+} +3e \Longrightarrow Al$	-1.66
$Mn^{2+} +2e \Longrightarrow Mn$	-1.05
$Zn^{2+} +2e \Longrightarrow Zn$	-0.763
$Cr^{3+} +3e \Longrightarrow Cr$	-0.71
$Ag_2S +2e \Longrightarrow 2Ag +S^{2-}$	-0.705
$Ga^{3+} +3e \Longrightarrow Ga$	-0.56
$Se +2e \Longrightarrow Se^{2-}$	-0.51
$Fe^{2+} +2e \Longrightarrow Fe$	-0.44
$Cr^{3+} +e \Longrightarrow Cr^{2+}$	-0.41
$Cd^{2+} +2e \Longrightarrow Cd$	-0.402
$PbSO_4 +2e \Longrightarrow Pb +SO_4^{2-}$	-0.351
$Co^{2+} +2e \Longrightarrow Co$	-0.27
$Ni^{2+} +2e \Longrightarrow Ni$	-0.23
$AgI +e \Longrightarrow Ag +I^-$	-0.152
$Sn^{2+} +2e \Longrightarrow Sn$	-0.14
$Pb^{2+} +2e \Longrightarrow Pb$	-0.126
$Fe^{3+} +3e \Longrightarrow Fe$	-0.036
$2H^+ +2e \Longrightarrow H_2$	0
$Hg_2I_2 +2e \Longrightarrow 2Hg +2I^-$	0.0405
$AgBr +e \Longrightarrow Ag +Br^-$	0.071
$Hg_2Br_2 +2e \Longrightarrow 2Hg +2Br^-$	0.14
$Sn^{4+} +2e \Longrightarrow Sn^{2+}$	0.15
$Cu^{2+} +e \Longrightarrow Cu^+$	0.159
$AgCl +e \Longrightarrow Ag +Cl^-$	0.222
$Hg_2Cl_2 +2e \Longrightarrow 2Hg +2Cl^-$	0.268
$VO^{2+} +2H^+ +e \Longrightarrow V^{3+} +H_2O(l)$	0.337
$Cu^{2+} +2e \Longrightarrow Cu$	0.34
$1/2O_2 +H_2O +2e \Longrightarrow 2OH^-$	0.401
$Cu^+ +e \Longrightarrow Cu$	0.52
$I_2 +2e \Longrightarrow 2I^-$	0.535
$MnO_4^- +2H_2O +3e \Longrightarrow MnO_2 +4OH^-$	0.57
$Hg_2SO_4(s) +2e \Longrightarrow 2Hg +SO_4^{2-}$	0.615
$C_6H_4O_2 +2H^+ +2e \Longrightarrow C_6H_4(OH)_2$	0.6994
$Fe^{3+} +e \Longrightarrow Fe^{2+}$	0.771

电极反应（氧化态 $+ne$ ⇌ 还原态）	$\varphi_A^\ominus/V$
$Hg_2^{2+} +2e \rightleftharpoons 2Hg$	0.793
$Ag^+ +e \rightleftharpoons Ag$	0.799
$Hg^{2+} +2e \rightleftharpoons Hg$	0.851
$Tl^{3+} +2e \rightleftharpoons Tl^+$	0.91
$2Hg^{2+} +2e \rightleftharpoons Hg_2^{2+}$	0.92
$Br_2 +2e \rightleftharpoons 2Br^-$	1.065
$Pt^{2+} +2e \rightleftharpoons Pt$	1.2
$O_3 +2H^+ +2e \rightleftharpoons O_2 +H_2O$	1.24
$Cr_2O_7^{2-}(aq) +14H^+(aq) +6e \rightleftharpoons 2Cr^{3+}(aq) +7H_2O(l)$	1.33
$Cl_2 +2e \rightleftharpoons 2Cl^-$	1.358
$Au^{3+} +3e \rightleftharpoons Au$	1.42
$PbO_2 +4H^+ +2e \rightleftharpoons Pb^{2+} +2H_2O$	1.456
$2BrO_3^-(aq) +12H^+(aq) +10e \rightleftharpoons Br_2(l) +6H_2O(l)$	1.478
$HClO +H^+ +2e \rightleftharpoons Cl^- +H_2O$	1.49
$MnO_4^- +8H^+ +5e \rightleftharpoons Mn^{2+} +4H_2O$	1.51
$Ce^{4+} +e \rightleftharpoons Ce^{3+}$	1.61
$PbO_2 +4H^+ +SO_4^{2-} +2e \rightleftharpoons PbSO_4 +2H_2O$	1.685
$Au^+ +e \rightleftharpoons Au$	1.7
$H_2O_2 +2H^+ +2e \rightleftharpoons 2H_2O$	1.78
$Co^{3+} +e \rightleftharpoons Co^{2+}$	1.84
$S_2O_8^{2-}(aq) +2e \rightleftharpoons 2SO_4^{2-}(aq)$	2.01
$O_3(g) +2H^+(aq) +2e \rightleftharpoons O_2(g) +H_2O(l)$	2.075
$F_2 +2e \rightleftharpoons 2F^-$	2.85

附录 16　18～25℃时难溶化合物的溶度积常数

化合物	$K_{sp}^\ominus$	化合物	$K_{sp}^\ominus$
AgBr	4.95×10^{-13}	$BaSO_4$	1.1×10^{-10}
AgCl	1.77×10^{-10}	$Fe(OH)_3$	4×10^{-38}
AgI	8.3×10^{-17}	$PbSO_4$	1.6×10^{-8}
Ag_2S	6.3×10^{-52}	CaF_2	2.7×10^{-11}
$BaCO_3$	5.1×10^{-9}		

注：表中数据摘自"顾庆超等．化学用表．南京：江苏科学技术出版社，1979：6～77．"。

附录 17　无限稀释离子的摩尔电导率和温度系数

离子	$\Lambda_m^\infty/\mathrm{S}\cdot\mathrm{m}^2\cdot\mathrm{mol}^{-1}$				$\alpha\left[\alpha=\dfrac{1}{\Lambda_{m,i}}\left(\dfrac{d\Lambda_{m,i}}{dt}\right)\right]$
	0℃	18℃	25℃	50℃	
H^+	225×10^{-4}	315×10^{-4}	349.8×10^{-4}	464×10^{-4}	0.0142
K^+	40.7×10^{-4}	63.9×10^{-4}	73.5×10^{-4}	114×10^{-4}	0.0173
Na^+	26.5×10^{-4}	42.8×10^{-4}	50.1×10^{-4}	82×10^{-4}	0.0188
NH_4^+	40.2×10^{-4}	63.9×10^{-4}	74.5×10^{-4}	115×10^{-4}	0.0188
Ag^+	33.1×10^{-4}	53.5×10^{-4}	61.9×10^{-4}	101×10^{-4}	0.0174
$1/2Ba^{2+}$	34.0×10^{-4}	54.6×10^{-4}	63.6×10^{-4}	104×10^{-4}	0.0200
$1/2Ca^{2+}$	31.2×10^{-4}	50.7×10^{-4}	59.8×10^{-4}	96.2×10^{-4}	0.0204
$1/2Pb^{2+}$	37.5×10^{-4}	60.5×10^{-4}	69.5×10^{-4}		0.0194
OH^-	105×10^{-4}	171×10^{-4}	198.3×10^{-4}	(284×10^{-4})	0.0186
Cl^-	41.0×10^{-4}	66.0×10^{-4}	76.3×10^{-4}	(116×10^{-4})	0.0203
NO_3^-	40.0×10^{-4}	62.3×10^{-4}	71.5×10^{-4}	(104×10^{-4})	0.0195
$C_2H_3O_2^-$	20.0×10^{-4}	32.5×10^{-4}	40.9×10^{-4}	(67×10^{-4})	0.0244
$1/2\,SO_4^{2-}$	41×10^{-4}	68.4×10^{-4}	80.0×10^{-4}	(125×10^{-4})	0.0206
F^-		47.3×10^{-4}	55.4×10^{-4}		0.0228

注:表中数据摘自"印永嘉. 物理化学简明手册. 北京:高等教育出版社,1988:159."。

附录 18　物理化学实验报告参考格式

物理化学实验报告

实验名称:_____

实验报告人		成　绩	
班　级		学　号	
同组人员		实验日期	
指导教师			

一、实验目的

二、实验原理

　　要求语言简练、内容扼要,应叙述本次实验的原理,列出关键的数据处理公式。

三、实验仪器和药品

　　将本次实验的主要设备、仪器与药品列出,并了解其使用方法。

四、实验步骤

　　简单叙述本次实验的方法与步骤。

五、关键操作及注意事项

六、实验数据记录和处理

　　1. 把取得的实验数据按要求详实记录,需要进行处理的数据要按要求处理,并形成实验结果,给出结论。

　　2. 如需要用图来表示实验结果,可以应用计算机软件处理,也可以用坐标纸绘制,要求布局合理,并画出平滑的曲线。

七、思考题

　　将实验中的思考题做出详细的解答。

参 考 文 献

[1] 张坤玲,胡海波. 物理化学(实训篇)[M]. 大连:大连理工大学出版社,2007.

[2] 孙尔康,徐维清,邱金恒. 物理化学实验[M]. 南京:南京大学出版社,1998.

[3] 向建敏. 物理化学实验[M]. 北京:化学工业出版社,2008.

[4] 张新丽,胡小玲,苏克和. 物理化学实验[M]. 北京:化学工业出版社,2008.

[5] 潘湛昌. 物理化学实验[M]. 北京:化学工业出版社,2008.

[6] 冯鸣. 物理化学实验[M]. 北京:化学工业出版社,2008.

[7] 王宝仁. 无机化学(实训篇)[M]. 大连:大连理工大学出版社,2007.

[8] 东北师范大学等. 物理化学实验(第2版)[M]. 北京:高等教育出版社,1989.

[9] 复旦大学. 物理化学实验(第2版)[M]. 北京:高等教育出版社,1991.

[10] 山东大学等. 物理化学实验(第4版)[M]. 北京:化学工业出版社,2004.

冶金工业出版社部分图书推荐

书　名	作　者	定价(元)
中国冶金百科全书·钢铁冶金卷	编委会　编	187.00
工程流体力学(第3版)(国规教材)	谢振华　主编	25.00
传热学(本科教材)	任世铮　编著	20.00
物理化学(第3版)(国规教材)	王淑兰　主编	35.00
物理化学习题解答(本科教材)	王淑兰　等编	18.00
相图分析及应用(本科教材)	陈树江　等编	20.00
冶金热工基础(本科教材)	朱光俊　主编	36.00
冶金过程数值模拟基础(本科教材)	陈建斌　编著	28.00
热工测量仪表(国规教材)	张华　等编	38.00
热工实验原理和技术(本科教材)	邢桂菊　等编	25.00
炼焦学(第3版)(本科教材)	姚昭章　主编	39.00
传输原理(本科教材)	朱光俊　主编	42.00
冶金原理(本科教材)	韩明荣　主编	35.00
钢铁冶金原理习题解答(本科教材)	黄希祜　编	30.00
钢铁冶金学教程(本科教材)	包燕平　等编	49.00
现代冶金学(钢铁冶金卷)(本科教材)	朱苗勇　主编	36.00
炼钢工艺学(本科教材)	高泽平　编	39.00
炉外处理(本科教材)	陈建斌　主编	39.00
有色冶金概论(第2版)(本科教材)	华一新　主编	30.00
连续铸钢(本科教材)	贺道中　主编	30.00
冶金设备(本科教材)	朱云　主编	49.80
冶金专业英语(高职高专国规教材)	侯向东　主编	28.00
冶金技术概论(高职高专规划教材)	王庆义　主编	28.00
物理化学(高职高专规划教材)	邓基芹　主编	28.00
无机化学(高职高专规划教材)	邓基芹　主编	33.00
无机化学实验(高职高专规划教材)	邓基芹　主编	18.00
冶金原理(高职高专规划教材)	卢宇飞　主编	36.00
铁合金生产工艺与设备(高职高专规划教材)	刘卫　主编	39.00
高炉炼铁设备(高职高专规划教材)	王宏启　主编	36.00
稀土冶金技术(高职高专规划教材)	石富　主编	36.00
冶金原理(高职高专规划教材)	邓宇飞　主编	36.00
金属学及热处理(高职高专规划教材)	孟延军　等编	25.00
烧结矿与球团矿生产(高职高专规划教材)	王悦祥　主编	29.00
炉外精炼(高职高专规划教材)	高泽平　等编	30.00
高炉炼铁设备(高职高专规划教材)	王宏启　等编	36.00
选矿原理与工艺(高职高专规划教材)	于春梅　等编	28.00